上海市中等职业学校
建筑智能化设备安装与运维
专业教学标准

上海市教师教育学院（上海市教育委员会教学研究室）编

上海教育出版社
SHANGHAI EDUCATIONAL
PUBLISHING HOUSE

上海市教育委员会关于印发上海市中等职业学校
第六批专业教学标准的通知

各区教育局,各有关部、委、局、控股(集团)公司:

为深入贯彻党的二十大精神,认真落实《关于推动现代职业教育高质量发展的意见》等要求,进一步深化上海中等职业教育教师、教材、教法"三教"改革,培养适应上海城市发展需求的高素质技术技能人才,市教委组织力量研制《上海市中等职业学校数字媒体技术应用专业教学标准》等 12 个专业教学标准(以下简称《标准》,名单见附件)。

《标准》坚持以习近平新时代中国特色社会主义思想为指导,强化立德树人、德技并修,落实课程思政建设要求,将价值观引导贯穿于知识传授和能力培养过程,促进学生全面发展。《标准》坚持以产业需求为导向明确专业定位,以工作任务为线索确定课程设置,以职业能力为依据组织课程内容,及时将相关职业标准和"1＋X"职业技能等级证书标准融入相应课程,推进"岗课赛证"综合育人。

《标准》正式文本由上海市教师教育学院(上海市教育委员会教学研究室)另行印发,请各相关单位认真组织实施。各学校主管部门和相关教育科研机构要根据《标准》加强对学校专业教学工作指导。相关专业教学指导委员会、师资培训基地等要根据《标准》组织开展教师教研与培训。各相关学校要根据《标准》制定和完善专业人才培养方案,推动人才培养模式、教学模式和评价模式改革创新,加强实验实训室等基础能力建设。

附件:上海市中等职业学校第六批专业教学标准名单

上海市教育委员会

2023 年 6 月 17 日

附件

上海市中等职业学校第六批专业教学标准名单

序号	专业教学标准名称	牵头开发单位
1	数字媒体技术应用专业教学标准	上海信息技术学校
2	首饰设计与制作专业教学标准	上海信息技术学校
3	建筑智能化设备安装与运维专业教学标准	上海市西南工程学校
4	商务英语专业教学标准	上海市商业学校
5	幼儿保育专业教学标准	上海市群益职业技术学校
6	城市燃气智能输配与应用专业教学标准	上海交通职业技术学院
7	新型建筑材料生产技术专业教学标准	上海市材料工程学校
8	药品食品检验专业教学标准	上海市医药学校
9	印刷媒体技术专业教学标准	上海新闻出版职业技术学校
10	连锁经营与管理专业教学标准	上海市现代职业技术学校
11	船舶机械装置安装与维修专业教学标准	江南造船集团职业技术学校
12	船体修造技术专业教学标准	江南造船集团职业技术学校

CONTENTS

第一部分

上海市中等职业学校建筑智能化设备安装与运维专业教学标准

第二部分
上海市中等职业学校建筑智能化设备安装与运维专业必修课程标准

第一部分

PART 1

上海市中等职业学校建筑智能化设备安装与运维专业教学标准

专业名称（专业代码）

建筑智能化设备安装与运维(640401)

入学要求

初中毕业或相当于初中毕业文化程度

学习年限

三年

培养目标

本专业坚持立德树人、德技并修、学生德智体美劳全面发展,主要面向从事商务楼宇、产业园区物业管理和智能化集成等企事业单位,培养具有良好的思想品德与职业素养、必备的文化与专业基础,能从事建筑智能化设备系统安装、调试、运行和维护等操作工作,具有职业生涯发展基础的知识型发展型高素质技术技能人才。

职业范围

职业领域	职业（岗位）	职业技能等级证书 （名称、等级、评价组织）
建筑智能化设备安装与运维	物业管理员（设备类）	● 智能楼宇管理员职业技能等级证书（四级） 评价组织:上海市房屋管理局教育中心

（续表）

职业领域	职业（岗位）	职业技能等级证书 （名称、等级、评价组织）
建筑智能化设备安装与运维	弱电工程维修员 现场技术支持	● 电工职业技能等级证书（五级） 　评价组织：沪东中华造船（集团）有限公司 ● 综合安防系统建设与运维职业技能等级证书（初级） 　评价组织：杭州海康威视数字技术股份有限公司

▎人才规格

1. 职业素养

● 具有正确的世界观、人生观、价值观，深厚的家国情怀，良好的思想品德，衷心拥护党的领导和我国社会主义制度。

● 具有爱岗敬业、精益求精、乐于奉献、敢于担当、勇于创新的职业精神。

● 具有严谨细致、静心专注、认真执着、吃苦耐劳的职业态度。

● 具有遵纪守法意识，自觉遵守建筑行业相关法律法规和职业道德。

● 具有保护环境、珍惜资源、低碳环保的理念及健康意识。

● 具有规范、安全、文明的工作意识，按照相关标准规范操作，形成良好的行为习惯。

● 具有较强的客户服务意识、良好的服务规范与态度。

● 具有健康的心理状态、良好的人际交往和较强的团队合作能力。

● 具有乐于接受新知识、新技术的兴趣和相应的学习能力。

2. 职业能力

● 能识别常见的建筑智能化设备的类型和组成。

● 能查阅、识读和简单绘制相关建筑工程设备图纸。

● 能整理建筑智能化设备运行维护的相关资料。

● 能熟练使用常用的仪器仪表测量设备参数。

● 能使用相关软件制作简单的建筑数字模型。

● 能根据建筑网络拓扑结构配置智能化设备。

● 能根据建筑结构安装与维护综合布线系统。

● 能熟练搭建建筑通信自动化系统。

● 能根据图纸安装与运维安防系统设备。

● 能监测与维护供配电系统。

- 能规范运行与维护充电站、智能车库。
- 能运行、监测与管理电梯系统、消防系统。
- 能安装与维护数字照明系统。
- 能发布与管理智能建筑数字媒体信息。
- 能定期检验与维护能源管理系统。
- 能运行与维护建筑自动化控制系统。
- 能按照标准规范清洗建筑设施设备。

主要接续专业

高等职业教育专科:建筑智能化工程技术(440404)

高等职业教育本科:建筑电气与智能化工程(240402)

工作任务与职业能力分析

工作领域	工作任务	职业能力
1. 客户沟通与现场勘察	1-1 客户沟通	1-1-1 能了解客户诉求,并形成书面记录 1-1-2 能根据客户报修处理流程,为客户提供报修服务 1-1-3 能与客户进行良好的沟通与交流 1-1-4 能准确记录客户反映的建筑设备出现的故障现象和位置 1-1-5 能根据建筑设备运行维护的规范和标准,解答客户的问题
	1-2 土建结构查看	1-2-1 能根据建筑图纸了解建筑设备功能与位置要求 1-2-2 能根据国家标准熟悉建筑设备运行维护的一般规范和标准 1-2-3 能查阅相关建筑工程设备图纸 1-2-4 能根据建筑图纸熟悉土建结构构造
	1-3 设备查看	1-3-1 能根据图纸确定设备安装与供电位置 1-3-2 能判断设备供电电压类型与等级 1-3-3 能区分强电、弱电供电方式 1-3-4 能记录设备故障情况,并形成书面记录
2. 建筑公用设备系统运行与维护	2-1 给排水系统的识别	2-1-1 能识读建筑给排水工程图纸 2-1-2 能识别给排水系统设备类型 2-1-3 能识别给水系统给水方式 2-1-4 能识别给排水系统构成和功能
	2-2 给排水系统的运行监控	2-2-1 能通过仪表数据判断给水系统中储水池、水箱运行状态 2-2-2 能通过仪表数据分析给水泵、污水泵运行状态 2-2-3 能通过实地查看、通水试验等方式判断排水系统运行状态 2-2-4 能在工程师指导下,正确处理给排水系统简单突发事件 2-2-5 能整理日常给排水系统运行维护的相关资料

(续表)

工作领域	工作任务	职　业　能　力
2. 建筑公用设备系统运行与维护	2-3 给排水系统的日常维护	2-3-1 能根据给排水系统巡检岗位职责和规范,完成日常巡检 2-3-2 能根据标准规范定期清洗储水池、水箱 2-2-3 能根据计划定期清通雨水排水管(渠) 2-3-4 能根据给排水系统运行中出现的故障现象和特征,执行应急处理预案 2-3-5 能根据泵房管理规范,做好日常泵房运行维护工作 2-3-6 能协助专业人员进行系统调试、保养及设备维护
	2-4 暖通空调系统的识别	2-4-1 能识别暖通空调系统类型和构成 2-4-2 能识别暖通空调系统设备 2-4-3 能识读暖通空调系统原理图 2-4-4 能分析采暖、通风和空气调节系统运行流程
	2-5 暖通空调系统的运行监控	2-5-1 能熟练操作暖通空调系统运行监控系统 2-5-2 能通过仪表数据分析暖通空调系统运行状态 2-5-3 能通过监控系统调节暖通空调系统运行工况 2-5-4 能在工程师指导下,正确处理监控系统、风机盘管等简单突发故障
	2-6 暖通空调系统的日常维护	2-6-1 能根据规范定期对暖通空调系统进行日常巡检 2-6-2 能根据暖通空调系统运行中出现的故障现象和特征,执行应急处理预案 2-6-3 能根据系统节能减排要求,适时更换滤网等替换件 2-6-4 能协助专业人员进行系统调试、保养及设备维护
3. 建筑弱电系统运行与维护	3-1 综合布线系统的识别	3-1-1 能辨别建筑综合布线结构 3-1-2 能识别不同类别的传输介质 3-1-3 能正确识读综合布线图
	3-2 综合布线系统的安装与调试	3-2-1 能正确使用各类布线操作工具 3-2-2 能熟练端接综合布线传输介质 3-2-3 能熟练制作安装管槽类结构管路 3-2-4 能根据施工图要求进行电缆、光纤等线缆布放 3-2-5 能根据施工图要求进行线缆调整
	3-3 综合布线系统的测试与验收	3-3-1 能正确使用各类布线测试工具 3-3-2 能根据规范进行布线工程测试 3-3-3 能判断有故障的布线点位 3-3-4 能根据规范维修有故障的布线点位 3-3-5 能根据验收标准完成系统验收
	3-4 网络系统的认知	3-4-1 能辨别常见的网络拓扑结构 3-4-2 能识读典型的网络拓扑结构图 3-4-3 能辨别建筑物网络所使用的系统

（续表）

工作领域	工作任务	职 业 能 力	
3. 建筑弱电系统运行与维护	3-5 网络系统的安装与调试	3-5-1	能根据客户要求安装配置网络操作系统
		3-5-2	能根据客户要求安装配置网络软件系统
		3-5-3	能根据客户要求搭建有线和无线局域网
	3-6 网络系统的运行监控	3-6-1	能识别网络设备正常与非正常运行状态
		3-6-2	能填写网络系统的运行日志
		3-6-3	能根据网络系统应急预案进行紧急情况处置
	3-7 安防系统的识别	3-7-1	能识别安防系统构成和管理内容
		3-7-2	能识读安防系统施工图和系统图
		3-7-3	能识别安防系统设备
		3-7-4	能识别供电和通信方式
		3-7-5	能根据客户需求选择典型方案
	3-8 安防系统的安装与调试	3-8-1	能根据系统工程方案填写施工文件
		3-8-2	能根据施工图进行管线施工
		3-8-3	能根据施工图进行设备安装
		3-8-4	能操作管理软件进行调试
		3-8-5	能根据验收规范完成分项工程检查与验收
	3-9 安防系统的运行与维护	3-9-1	能判断常见典型故障并进行维修替换
		3-9-2	能根据工作要求进行日常巡检，并填写巡检单
		3-9-3	能现场或远程操作管理软件进行系统维护和升级
4. 建筑强电系统运行与维护	4-1 供配电系统的识别	4-1-1	能根据电气平面图识别供配电系统构成
		4-1-2	能根据电气系统图和接线图，理解供配电系统的工作过程
	4-2 供配电系统的监测与维护	4-2-1	能根据设备管理规范接管供配电系统
		4-2-2	能熟练操作供配电监测系统，并通过仪表数据分析系统运行状态
		4-2-3	能通过常见案例学习，预判系统运行中可能出现的故障现象和特征
		4-2-4	能在工程师指导下，正确处理倒闸操作、投入备用电源及简单突发事件
		4-2-5	能在工程师指导下，进行检测低压配电系统、接地等测试
	4-3 照明系统的图纸识读与设备选型	4-3-1	能根据照明平面图识读照明设备的点位图
		4-3-2	能根据建筑的不同类型、不同部位，合理选用照明类型
		4-3-3	能根据光源铭牌值分析电光源的适用范围，并选用合理的光源
		4-3-4	能根据光源铭牌值估算系统功率，并合理分配供电

工作领域	工作任务	职 业 能 力
4. 建筑强电系统运行与维护	4-4 照明系统的安装与调试	4-4-1 能正确使用万用表,检测 1000 V 以下照明系统的供电电压等级
		4-4-2 能熟练使用螺丝刀、剥线钳等工具,安装 220 V 照明系统,并保障系统正常运行
		4-4-3 能在工程师指导下,安装 380 V 及以上照明系统
		4-4-4 能利用 DDC 程序进行照明灯光智能化控制
		4-4-5 能根据验收标准填写照明系统工程验收单
	4-5 照明系统的运行与维护	4-5-1 能通过对天气、仪表数据等情况的分析,熟练操作照明系统的节能运行模式
		4-5-2 能根据照明系统运行中出现的故障现象和特征,执行应急处理预案
		4-5-3 能根据报修任务,独立完成单相照明电路的检修
		4-5-4 能根据维修需要,独立完成临时照明电路的敷设
	4-6 充电站系统的识别	4-6-1 能识别电动汽车充电类型
		4-6-2 能识别电动汽车充电桩类型
		4-6-3 能识别电动汽车充电站类型和构成
		4-6-4 能区分电动汽车充电站监控系统构成和应用
	4-7 充电站的运行与维护	4-7-1 能操作电动汽车充电站交流配电系统
		4-7-2 能操作电动汽车充电站直流系统
		4-7-3 能根据电动汽车充电站监控系统的不同工作情况进行相应操作
		4-7-4 能判断电动汽车充电站监控系统的工作情况
		4-7-5 能对电动汽车充电站设备进行巡检和异动管理,及时消除故障和安全隐患
		4-7-6 能正确应对电动汽车充电站触电、火灾等安全事故
5. 建筑特种设备运行与维护	5-1 电梯系统的识别	5-1-1 能根据立面图和剖面图识别电梯系统构成
		5-1-2 能根据电气接线图识别电梯系统的控制方式
		5-1-3 能判断不同电梯系统的工作原理和运行、指示特征
	5-2 电梯系统的运行监测	5-2-1 能根据电梯系统接管的依据、范围及流程,建立电梯基础档案
		5-2-2 能根据电梯系统运维的依据、内容及规程,记录电梯运行情况
		5-2-3 能熟练操作电梯监视系统,并通过仪表数据判断系统运行状态
		5-2-4 能根据电梯系统运行中出现的故障现象和特征,执行应急处理预案

工作领域	工作任务	职 业 能 力
5. 建筑特种设备运行与维护	5-3 电梯系统的日常管理	5-3-1 能根据电梯系统管理规范建立内控管理制度 5-3-2 能根据电梯系统运维管理、保养的各种制度规则,联系维保单位提供保养服务 5-3-3 能正确记录电梯系统维护保养的内容 5-3-4 能在工程师指导下,确定电梯系统维保的年限
	5-4 消防系统的识别	5-4-1 能识别消防系统设备和器件 5-4-2 能识读消防系统原理图
	5-5 消防系统的运行监测	5-5-1 能识记消防系统值机岗位职责 5-5-2 能根据消防规范进行消防系统末端试水等操作 5-5-3 能通过仪表数据分析消防系统运行状态
	5-6 消防系统的日常管理	5-6-1 能定期对消防系统进行日常巡检 5-6-2 能根据消防系统运行中出现的故障现象和特征,执行应急处理预案 5-6-3 能协助专业人员进行系统调试、保养及设备维护
	5-7 智能车库的识别	5-7-1 能识别立体车库类型 5-7-2 能分析智能车库和传统立体车库的区别 5-7-3 能辨别智能车库管理系统构成
	5-8 智能车库的运行监测	5-8-1 能利用智能车库管理系统监控车辆停放时间 5-8-2 能利用智能车库管理系统监控车辆交费情况 5-8-3 能利用智能车库管理系统监测车库容量 5-8-4 能利用智能车库管理系统分析车辆存放高低峰情况 5-8-5 能利用智能车库管理系统监控安保系统 5-8-6 能利用智能车库管理系统远程诊断设备故障
	5-9 智能车库的运行管理	5-9-1 能对智能车库进行安全作业(为客户提供停取车服务) 5-9-2 能根据规定处理各类收费问题 5-9-3 能正确处理停车场交通事故 5-9-4 能对智能车库设备进行巡检和异动管理,及时消除故障和安全隐患 5-9-5 能正确应对智能车库触电、火灾、翻车等安全事故
6. 智能建筑运行与维护	6-1 建筑信息模型的认知与运用	6-1-1 能使用相关软件进行简单建筑建模 6-1-2 能创建基本设备模型族 6-1-3 能根据工程图纸进行建筑模型的设备装配 6-1-4 能根据工程图纸进行建筑模型的管线布置
	6-2 建筑控制系统的安装与调试	6-2-1 能区分建筑控制系统的原理和方法 6-2-2 能识别设备状态检测元件 6-2-3 能根据系统工程规划安装检测元件 6-2-4 能操作管理控制软件进行系统调试 6-2-5 能根据验收规范完成系统工程检查与验收

工作领域	工作任务	职　业　能　力
6. 智能建筑运行与维护	6-3　建筑控制系统的运行与维护	6-3-1　能对建筑控制系统进行运行检查
		6-3-2　能对建筑控制系统进行维护保养
		6-3-3　能根据建筑控制系统运行中出现的故障现象和特征,执行应急处理预案
	6-4　数字媒体信息设备安装与运维	6-4-1　能识读信息发布系统图
		6-4-2　能识别信息发布系统设备
		6-4-3　能制作各类信息发布系统设备连接线
		6-4-4　能对信息发布控制设备进行安装和调试
		6-4-5　能对信息发布控制设备进行日常维护与保养
		6-4-6　能对信息发布控制设备进行常见故障判断及排除
		6-4-7　能对信息发布终端设备进行安装和调试
		6-4-8　能对信息发布终端设备进行常见故障判断及排除
		6-4-9　能对信息发布系统线路设施进行常见故障判断及排除
	6-5　数字媒体信息发布与管理	6-5-1　能熟练使用计算机操作系统及信息发布软件
		6-5-2　能编辑制作常见多媒体文件
		6-5-3　能熟练录入信息发布数据
		6-5-4　能熟练设置信息播放模式
	6-6　数字照明系统的识别	6-6-1　能识别数字照明系统类型
		6-6-2　能分析数字照明系统构成和功能
		6-6-3　能识别户外灯具类型
		6-6-4　能分析各类灯具的控制原理
	6-7　数字照明系统的运行与维护	6-7-1　能识读数字照明平面图和系统图
		6-7-2　能根据规范安装各类灯具和电源
		6-7-3　能对数字照明系统控制设备进行操作和使用
		6-7-4　能对数字照明系统控制设备进行日常维护与保养
		6-7-5　能对数字照明系统控制设备进行常见故障判断及排除
		6-7-6　能对数字照明系统线路、灯具进行巡检,及时消除故障和安全隐患
	6-8　能源管理系统的识别	6-8-1　能识别建筑能源管理系统主要内容
		6-8-2　能辨别电力、照明、空调等设备能源管理的方法和新技术
	6-9　能源管理系统的运行与维护	6-9-1　能根据能耗数据分析设备运行状态
		6-9-2　能根据规范对能源管理系统进行日常巡检
		6-9-3　能协助专业人员进行系统调试、保养、维护及设备节能改造
		6-9-4　能根据紧急处理预案,保证能源安全可靠供应,减少能耗,节能降碳

I 课程结构

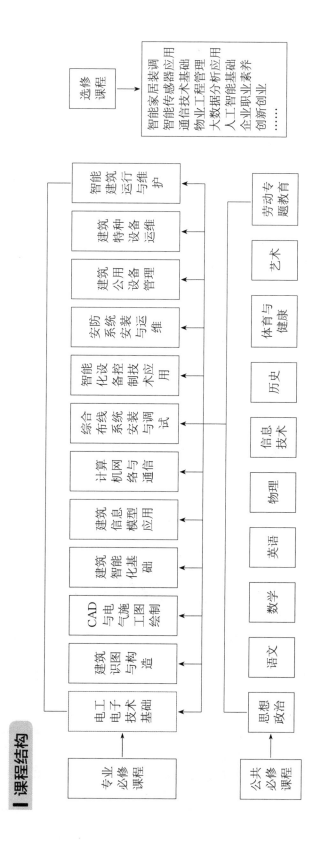

专业必修课程

序号	课程名称	主要教学内容与要求	技能考核项目与要求	参考学时
1	电工电子技术基础	**主要教学内容：** 电气安全用电认知，直流电路测量，交流电路测量，三相异步电动机控制电路的接线、调试与排故，整流电路的焊接与调试，晶体管放大电路的焊接与调试，稳压电路的焊接与调试，晶闸管调光整流电路的焊接与调试，功率放大电路的焊接与调试，常用数字电路的检测 **主要教学要求：** 通过学习，学生能理解交直流电路的基本概念，懂得安全用电常识；能正确使用电工工具；能正确使用电工电子仪器仪表测量参数；能正确安装调试三相异步电动机控制电路；能焊接整流电路、放大电路、功放电路；能检测数字逻辑电路	**考核项目：** 电气原理图的识读，低压电器元件的检测，常用电工电子仪器仪表和工具的使用，电子元件的检测，照明电路的接线与排故，三相异步电动机控制电路的接线、调试与排故，电子电路的焊接、调试与排故，数字逻辑电路的检测 **考核要求：** 达到电工职业技能等级证书（五级）的相关要求	144
2	建筑智能化基础	**主要教学内容：** 建筑智能化概述，建筑通信与网络系统、安防系统、楼控系统、消防火灾自动报警系统、多媒体系统、机房工程系统相关结构、原理、功能 **主要教学要求：** 通过学习，学生能描述智能建筑的含义、功能和发展趋势；能描述建筑通信与网络系统、安防系统、楼控系统、消防火灾自动报警系统、多媒体系统、机房工程系统的功能和发展趋势；能识别各子系统的典型设备；能理解各子系统的相互关联	**考核项目：** 描述、区分、归纳建筑智能化各子系统相关结构、原理、功能 **考核要求：** 达到智能楼宇管理员职业技能等级证书（四级）的相关要求	36
3	计算机网络与通信	**主要教学内容：** 计算机操作系统安装与网络配置、网络连接、网络资源分配和管理、故障排除、简单网络安全防护 **主要教学要求：** 通过学习，学生能安装计算机操作系统；能使用计算机操作系统；能安装与使用虚拟化软件；能安装应用软件；能安装网络适配器，规划并设置网络参数，组建对等网络以及检测网络配置；能设置网络资源共享，分配和管理网络资源；能识别常见的计算机单机故障并进行故障排除，识别常见的网络	**考核项目：** 计算机操作系统安装与网络配置、常用软件安装与应用、网络连接、网络资源分配和管理、故障排除、简单网络安全防护 **考核要求：** 达到智能楼宇管理员职业技能等级证书（四级）的相关要求	72

(续表)

序号	课程名称	主要教学内容与要求	技能考核项目与要求	参考学时
3	计算机网络与通信	故障并进行故障排除;能进行系统防火墙基本配置和高级配置;能配置系统安全策略;能扫描系统安全漏洞并进行安全防护;能升级系统与更新补丁		
4	建筑识图与构造	**主要教学内容:** 几何形体投影图、轴测投影图、剖面图、断面图、建筑施工图识读与绘制,房屋建筑的基础、地下室、墙体、楼(地)层、楼梯、屋顶、门窗等构造识读 **主要教学要求:** 通过学习,学生能掌握建筑识图的一般步骤和方法;能理解绘图比例、施工图类型、建筑标高、定位轴线等相关概念;能理解和掌握施工图反映的图示内容,并掌握房屋建筑的构造组成及各部分的构造形式	**考核项目:** 建筑平面图、立面图、剖面图、详图、室内设备施工图以及建筑构造的识读 **考核要求:** 达到智能楼宇管理员职业技能等级证书(四级)的相关要求	72
5	CAD与电气施工图绘制	**主要教学内容:** CAD绘图环境设置、几何形体投影图绘制、建筑施工图绘制、强电施工图绘制、弱电施工图绘制、CAD图纸打印输出 **主要教学要求:** 通过学习,学生能掌握CAD软件操作方法与技巧,应用CAD软件绘制一般几何形体投影图、建筑平面图、建筑立面图、建筑剖面图、建筑电气施工图等图纸,了解相关制图规范,学会应用CAD软件制作图框和使用图纸空间布局工具打印图纸	**考核项目:** CAD软件的操作、建筑施工图的识读、应用CAD软件绘制建筑电气施工图 **考核要求:** 达到智能楼宇管理员职业技能等级证书(四级)的相关要求	72
6	建筑信息模型应用	**主要教学内容:** BIM模型的认识,BIM建模准备,BIM建筑模型的创建,BIM给排水模型的创建,BIM消防工程模型的创建,BIM暖通空调模型的创建,BIM电气、弱电模型的创建,BIM管线综合深化设计,BIM模型的成果输出	**考核项目:** BIM建筑模型的创建,BIM给排水模型的创建,BIM消防工程模型的创建,BIM暖通空调模型的创建,BIM电气、弱电模型的创建,BIM管线综合深化设计,BIM模型的成果输出	72

（续表）

序号	课程名称	主要教学内容与要求	技能考核项目与要求	参考学时
6	建筑信息模型应用	**主要教学要求：** 通过学习，学生能熟练操作 BIM 软件，完成 BIM 模型的创建；能生成建筑平面图、立面图、剖面图及三维视图；能进行建筑模型出图，并对图纸进行编辑、整理、打印	**考核要求：** 达到智能楼宇管理员职业技能等级证书（四级）的相关要求	
7	建筑公用设备管理	**主要教学内容：** 建筑生活给水系统、建筑消防给水系统、建筑生活排水系统、中央空调常见机组、中央空调水系统、中央空调风系统的构成和工作原理 **主要教学要求：** 通过学习，学生能描述建筑公用设备中给排水系统、消防给水系统、暖通空调系统的主要构成和功能；能根据有关参数判断建筑公用设备运行状态，并对参数进行调节	**考核项目：** 建筑生活给水系统、建筑消防给水系统、建筑生活排水系统、中央空调常见机组、中央空调水系统、中央空调风系统常见设备的识别和工作参数的调节 **考核要求：** 达到智能楼宇管理员职业技能等级证书（四级）的相关要求	72
8	建筑特种设备运维	**主要教学内容：** 电梯系统认知、电梯系统运行监测、电梯系统日常管理、消防系统认知、消防系统运行监测、消防系统日常管理、智能车库认知、充电站系统构成、智能车库运行监测、智能车库日常管理 **主要教学要求：** 通过学习，学生能按要求监测电梯系统、消防系统、智能车库的运行；能按规范对电梯系统、消防系统、智能车库进行日常管理	**考核项目：** 建筑电梯系统、消防系统、智能车库的基本知识，建筑电梯系统、消防系统、智能车库的运行与维护 **考核要求：** 达到智能楼宇管理员职业技能等级证书（四级）的相关要求	72
9	综合布线系统安装与调试	**主要教学内容：** 综合布线系统认识、布线图识读与绘制、网线制作、节点模块制作、机柜安装、线缆敷设、综合布线工程测试与验收 **主要教学要求：** 通过学习，学生能识读与绘制综合布线系统图，制作网线，制作节点模块，敷设线缆，对综合布线工程进行测试与验收	**考核项目：** 综合布线基础知识、综合布线工程施工、综合布线工程测试与验收 **考核要求：** 达到智能楼宇管理员职业技能等级证书（四级）的相关要求	72

（续表）

序号	课程名称	主要教学内容与要求	技能考核项目与要求	参考学时
10	安防系统安装与运维	**主要教学内容：** 出入口控制系统安装与运维、入侵和紧急报警系统安装与运维、视频监控系统安装与运维、楼寓对讲系统安装与运维、电子巡查系统安装与运维、停车库(场)管理系统安装与运维 **主要教学要求：** 通过学习,学生能进行出入口控制系统安装、接线、调试与运维;能进行入侵和紧急报警系统安装、接线、调试与运维;能进行视频监控系统安装、接线、调试与运维;能进行楼寓对讲系统安装、接线、调试与运维;能进行电子巡查系统安装、接线、调试与运维;能进行停车库(场)管理系统安装、接线、调试与运维	**考核项目：** 出入口控制系统、入侵和紧急报警系统、视频监控系统、楼寓对讲系统、电子巡查系统、停车库(场)管理系统的安装、接线、调试与运维 **考核要求：** 达到综合安防系统建设与运维职业技能等级证书(初级)的相关要求	72
11	智能化设备控制技术应用	**主要教学内容：** 常用低压电器的运用、PLC的初步认识、FX系列PLC基本指令的应用、FX系列PLC功能指令的应用、FX系列PLC步进指令的应用 **主要教学要求：** 通过学习,学生能识别电气控制线路中的低压电器;能根据项目设计要求选择合适的PLC机型;能根据项目设计要求完成PLC与外部硬件电路的连接;能使用GX Developer编程软件,根据项目设计要求完成PLC梯形图控制软件的设计与调试;能完成智能化设备PLC控制系统的运行、调试、故障诊断与排除	**考核项目：** 电气控制线路中低压电器的识别,PLC机型的选择,GX Developer的使用,PLC梯形图控制软件的设计与调试,智能化设备PLC控制系统的运行、调试、故障诊断与排除 **考核要求：** 达到智能楼宇管理员职业技能等级证书(四级)的相关要求	72
12	智能建筑运行与维护	**主要教学内容：** 建筑模型系统认知与运用、建筑控制系统安装与调试、建筑控制系统运行与维护、数字媒体信息设备安装与运维、数字媒体信息发布与管理、数字照明系统认知、数字照明系统运行与维护、能源管理系统认知 **主要教学要求：** 通过学习,学生能认知建筑智能化设备的基本知识及其运行与维护;能对建筑控制系统进行安装与维护;能安装数字媒体信息设备,管理数字媒体信息;能查阅现行国标图集、地方规范等资料,处理相关信息	**考核项目：** 建筑控制系统的安装与调试、建筑控制系统的运行与维护、数字照明系统的运行与维护、数字媒体信息的发布与管理 **考核要求：** 达到智能楼宇管理员职业技能等级证书(四级)的相关要求	108

指导性教学安排

1. 指导性教学安排

课程分类		课程名称	总学时	总学分	各学期周数、学时分配					
					1	2	3	4	5	6
					18 周	18 周	18 周	18 周	18 周	20 周
公共必修课程	思想政治	中国特色社会主义	36	2	2					
		心理健康与职业生涯	36	2		2				
		哲学与人生	36	2			2			
		职业道德与法治	36	2				2		
		语文	216	12	4	4	4			
		数学	216	12	4	4	4			
		英语	216	12	4	4	4			
		信息技术	108	6		3	3			
		体育与健康	180	10	2	2	2	2	2	
		物理	72	4	2	2				
		历史	72	4	2	2				
		艺术	36	2		1	1			
		劳动专题教育	18	1					1	
专业必修课程		建筑智能化基础	36	2	2					
		建筑识图与构造	72	4	4					
		CAD 与电气施工图绘制	72	4	2	2				
		建筑公用设备管理	72	4				4		
		电工电子技术基础	144	8			4	4		
		建筑信息模型应用	72	4				4		
		计算机网络与通信	72	4				4		
		综合布线系统安装与调试	72	4				4		
		安防系统安装与运维	72	4				4		
		智能化设备控制技术应用	72	4					4	
		建筑特种设备运维	72	4					4	
		智能建筑运行与维护	108	6					6	
选修课程			306	17	由各校自主安排					
岗位实习			600	30						30
合计			3120	170	28	28	28	28	28	30

2. 关于指导性教学安排的说明

(1) 本教学安排是三年制指导性教学安排。每学年为 52 周,其中教学时间 40 周(每学期有效教学时间 18 周),周有效学时数为 28—30 学时,岗位实习一般按每周 30 小时(1 小时折合 1 学时)安排,三年总学时数约为 3000—3300 学时。

(2) 实行学分制的学校一般按 16—18 学时为 1 学分进行换算,三年制总学分不得少于 170。军训、社会实践、入学教育、毕业教育等活动以 1 周为 1 学分,共 5 学分。

(3) 公共必修课程的学时数一般占总学时数的三分之一,不低于 1000 学时。公共必修课程中的思想政治、语文、数学、英语、信息技术、体育与健康、历史和艺术等课程,严格按照教育部和上海市教育委员会颁布的相关学科课程标准实施教学。除了教育部和上海市教委规定的必修课程之外,各校可根据学生专业学习需要,开设其他公共基础选修课程或选修课程。

(4) 专业课程的学时数一般占总学时数的三分之二,其中岗位实习原则上安排一学期。要认真落实教育部等八部门印发的《职业学校学生实习管理规定》,在确保学生实习总量的前提下,学校可根据实际需要集中或分阶段安排实习时间。

(5) 选修课程占总学时数的比例不少于 10%,由各校根据专业培养目标,自主开设专业特色课程。

(6) 学校可根据需要对课时比例作适当的调整。实行弹性学制的学校(专业)可根据实际情况安排教学活动的时间。

(7) 学校以实习实训课为主要载体开展劳动教育,其中劳动精神、劳模精神、工匠精神专题教育不少于 16 学时。

专业教师任职资格

- 具有中等职业学校教师资格及以上教师资格证书。
- 具有本专业高级工及以上职业资格证书或相应技术职称,如电工、智能楼宇管理员、综合安防系统建设与运维、计算机操作员。

实训(实验)装备

1. 电工电子实训室

功能:适用于电工电子技术基础课程,可开展常规电路导线连接、照明线路安装、灯具安装、电表箱安装、电子设备调试排故的教学。

主要设备装备标准(按一个标准班 40 人配置):

序号	设备/工具名称	用途	单位	基本配置	适用范围（职业技能训练项目）
1	稳压电源（±12 V、5 V）	电子技术调试与检修	套	40	常规电路导线连接、照明线路安装、灯具安装、电表箱安装、电子设备调试排故
2	标准装接晶体管		台	20	
3	电源变压器（AC220/12V）		台	40	
4	QJ-23 直流电桥		台	10	
5	QS18A 万能电桥		台	10	
6	标准电气控制线路接线模拟板	电气控制线路实训：接线与排故	套	40	
7	Z3040 摇臂钻床电路排故模拟板		套	4	
8	M7130 磨床电路排故模拟板		台	4	
9	异步电动机正反转控制线路排故模拟板		台	4	
10	异步电动机星三角控制线路排故模拟板		台	4	
11	鼠笼式交流异步电动机		套	10	
12	带速度继电器的交流异步电动机		套	4	
13	双速电动机		台	2	
14	常用 PVC 管明装电灯、插座模板	照明线路安装接线	块	20	
15	日光灯安装模板		块	20	
16	电度表安装模板		块	20	
17	DD14 型单相电度表		只	20	
18	电流互感器		只	10	
19	D26-W 型功率表		只	10	
20	ZC25-3 型兆欧表		只	10	
21	三相变压器	电器拆装检修	只	20	
22	气囊式时间继电器		只	20	
23	交流接触器		只	20	
24	数字万用表	电子电工操作常用工具	个	40	
25	尖头钳		把	40	
26	剥线钳		把	40	
27	一字螺丝批		把	40	
28	十字螺丝批		把	40	
29	电烙铁		把	40	
30	镊子		把	40	

2. 综合布线实训室

功能:适用于综合布线系统安装与调试课程,可开展双绞线制作,信息插座安装,光纤熔接,干线子系统缆线布放安装,光纤、双绞线线路安装,线路测试,线路故障修复的教学。

主要设备装备标准(按一个标准班40人配置):

序号	设备/工具名称	用途	单位	基本配置	适用范围(职业技能训练项目)
1	十字多工位实训墙体(模拟3层)	实训载体	组	4	双绞线制作,信息插座安装,光纤熔接,干线子系统缆线布放安装,光纤、双绞线线路安装,线路测试,线路故障修复
2	综合布线操作台		张	20	
3	机柜	水平、垂直子系统缆线实训	个	40	
4	网络交换机		个	40	
5	网络配线架		个	40	
6	110配线架		个	40	
7	光纤熔接机	光纤链路安装与调试	台	10	
8	光纤损耗测试仪		台	10	
9	光纤故障定位仪		个	10	
10	光纤红光测试仪		个	40	
11	线槽剪	综合布线操作常用工具	把	40	
12	线管刀		把	40	
13	网线钳		把	40	
14	双绞线测试仪		个	40	
15	一字螺丝批		把	40	
16	十字螺丝批		把	40	
17	打线刀		把	40	
18	弯管器		把	40	

3. 可编程控制实训室

功能:适用于智能化设备控制技术应用和建筑特种设备运维课程,可开展PLC编程软件的使用、PLC基本指令的应用、电梯简易控制指令调试、传感器常用参数调试的教学。

主要设备装备标准(按一个标准班40人配置):

序号	设备/工具名称	用途	单位	基本配置	适用范围 （职业技能训练项目）
1	PC机	硬件连接	台	40	
2	授权PLC编程软件	软件运行	套	40	
3	PLC模型挂架		个	40	PLC基本指令的应用、电梯简易控制指令调试、传感器常用参数调试
4	PLC模型（传送带）		个	40	
5	PLC模型（水塔）	PLC实物模型调试与维护	个	40	
6	PLC模型（仓库门）		个	40	
7	PLC模型（电梯）		个	40	
8	PLC模型（小车）		个	40	

4. 消防报警与联动控制实训室

功能：适用于建筑特种设备运维和智能化设备控制技术应用课程，可开展消防常见设备认知、消防系统结构认知、消防报警联动实训、消防广播电话实训、自动喷淋灭火实训的教学。

主要设备装备标准（按一个标准班40人配置）：

序号	设备/工具名称	用途	单位	基本配置	适用范围 （职业技能训练项目）
1	消防报警联动实训模块	消防联动控制系统安装调试、验收	套	1	
2	消防报警联动实训装置	消防广播系统安装调试、消防电话系统安装	套	20	
3	消防广播电话实训装置	线路安装，器件安装，报警器件编码、调试、验收	套	20	消防常见设备认知、消防系统结构认知、消防报警联动实训、消防广播电话实训、自动喷淋灭火实训
4	自动喷淋灭火实训装置	消防灭火联动测试	套	4	
5	室内消火栓箱		套	2	
6	室外消火栓		个	2	
7	四类灭火器	消防系统结构认知	个	40	
8	卷帘门		扇	2	

5. 安防系统安装与调试实训室

功能：适用于安防系统安装与运维和建筑特种设备运维课程，可开展出入口控制系统安装与调试、入侵和紧急报警系统安装与调试、视频监控系统安装与调试、楼寓对讲系统安装与调试、电子巡查系统安装与调试、停车库(场)管理系统安装与调试的教学。

主要设备装备标准(按一个标准班 40 人配置):

序号	设备/工具名称	用途	单位	基本配置	适用范围(职业技能训练项目)
1	PC 机	设备平台调试	台	20	出入口控制系统安装与调试、入侵和紧急报警系统安装与调试、视频监控系统安装与调试、楼寓对讲系统安装与调试、电子巡查系统安装与调试、停车库(场)管理系统安装与调试
2	可更换上墙挂架	实训载体	个	40	
3	出入口控制系统装置	子系统安装与调试	套	20	
4	入侵和紧急报警系统装置	子系统安装与调试	套	20	
5	视频监控系统装置	子系统安装与调试	套	20	
6	楼寓对讲系统装置	子系统安装与调试	套	20	
7	电子巡查系统装置	子系统安装与调试	套	20	
8	停车库(场)管理系统装置	子系统安装与调试	套	20	

6. 建筑 CAD 与 BIM 实训室

功能:适用于 CAD 与电气施工图绘制、建筑信息模型应用、智能建筑运行与维护课程,可开展投影图识读、形体投影图识读、建筑剖面图和断面图识读、房屋建筑常用构造识别、建筑施工图识读、CAD 绘图环境设置、CAD 形体投影图绘制、CAD 建筑施工图绘制、CAD 设计文件输出、BIM 基本建筑模型创建的教学。

主要设备装备标准(按一个标准班 40 人配置):

序号	设备/工具名称	用途	单位	基本配置	适用范围(职业技能训练项目)
1	PC 机	实训载体	台	40	CAD 绘图环境设置、CAD 形体投影图绘制、CAD 建筑施工图绘制、CAD 设计文件输出、BIM 基本建筑模型创建、智能建筑 BIM 系统管理
2	BIM 网络版客户端	BIM 管理学生实训软件	点	40	
3	CAD 网络版客户端	建筑绘图学生实训软件	点	40	
4	建筑识图客户端	建筑识图学生实训软件	点	40	

7. 建筑智能化设备安装与运维虚拟实训室

功能:适用于电工电子技术基础、建筑特种设备运维、智能建筑运行与维护、综合布线系统安装与调试、建筑公用设备管理课程。通过 VR 和 AR 技术创设学生无法在真实工作场景中完成的学习任务;减少耗材,体现节能减排环保理念。

主要设备装备标准(按一个标准班40人配置):

序号	设备/工具名称	用途	单位	基本配置	适用范围(职业技能训练项目)
1	VR工作站	学生工作站	套	20	电工电子技术基础、建筑特种设备运维、智能建筑运行与维护、综合布线系统安装与调试、建筑公用设备管理
2	VR显示终端	头盔式实训载体	台	20	
3	VR服务器	学生实训数据分析	台	1	
4	建筑虚拟实训管理平台	虚拟实训管理平台	个	1	
5	综合布线虚拟实训系统	综合布线实训模块	点	40	
6	电工电子虚拟实训系统	电工接线与排故模块	点	40	
7	楼宇控制虚拟实训系统	楼宇控制实训模块	点	40	
8	安防系统虚拟实训系统	安防设备安装与调试实训模块	点	40	
9	消防系统虚拟实训系统	消防联动与火灾逃生实训模块	点	40	
10	暖通空调虚拟实训系统	建筑环境控制实训模块	点	40	
11	电梯系统虚拟实训系统	电梯运行维护实训模块	点	40	

第二部分

上海市中等职业学校建筑智能化设备安装与运维专业必修课程标准

电工电子技术基础课程标准

| 课程名称

电工电子技术基础

| 适用专业

中等职业学校建筑智能化设备安装与运维专业

一、 课程性质

本课程是中等职业学校建筑智能化设备安装与运维专业的一门专业基础课程,也是一门专业必修课程。其功能是使学生掌握电工电子技术方面的基础知识和基本技能,可为后续其他专业课程的学习奠定基础。

二、 设计思路

本课程遵循任务引领、理实一体的原则,参照电工和智能楼宇管理员地方性职业标准,根据中职建筑智能化设备安装与运维专业工作任务与职业能力分析结果,以电工电子技术基本职业能力为依据而设置。

课程内容紧紧围绕电工电子技术所需职业能力培养的需要,选取了安全用电常识和直流电路、交流电路、整流电路、晶体管放大电路、功率放大电路、稳压电路、常用数字电路等典型电路,遵循适度够用的原则,确定相关理论知识、专业技能与要求,并融入电工职业技能等级证书(五级)的相关考核要求。

课程内容组织以典型电路操作为线索,设有电气安全用电,直流电路测量,交流电路测量,三相异步电动机控制电路的接线、调试与排故,整流电路的焊接与调试,晶体管放大电路的焊接与调试,稳压电路的焊接与调试,晶闸管调光整流电路的焊接与调试,功率放大电路的焊接与调试,常用数字电路的检测 10 个学习任务,以任务为引领,通过学习任务整合相关知识、技能与职业素养,充分体现任务引领型课程特点。

本课程建议学时数为 144 学时。

三、 课程目标

通过本课程的学习,学生具备电工电子技术基础基本理论知识,能按照不同的电工电子线路装调要求,使用电工电子仪器仪表和工具识别、检测电子元件,安装和调试典型电工电子线路并排除故障,达到电工职业技能等级证书(五级)的相关考核要求,具体达成以下职业素养和职业能力目标。

(一) 职业素养目标

- 养成爱岗敬业、认真负责、严谨细致、一丝不苟的职业态度。
- 严格遵守安全用电规范,养成良好的电气安全操作习惯。
- 具有较强的责任心,尽职尽责,敢于担当。
- 具有吃苦耐劳的职业精神。

(二) 职业能力目标

- 能规范执行安全用电相关操作。
- 能规范熟练地使用常用电工电子仪器仪表和工具。
- 能正确使用仪器仪表测量常用电工电子物理参数。
- 能识读和绘制基本电路图。
- 能按照操作规程安装电工电子线路。
- 能按照操作规程调试电工电子线路。
- 能根据有关参数及现象,判断并排除电工电子线路的常见故障。

四、 课程内容与要求

学习任务	技能与学习要求	知识与学习要求	参考学时
1. 电气安全用电	1. 安全用电 ● 能正确识读安全标识 ● 能模拟实施人员触电时的急救	1. 电工常用材料 ● 举例说明导电材料的性能 ● 举例说明绝缘材料的性能 2. 触电保护与安全电压、安全电流 ● 简述触电保护方式 ● 说出安全电压、安全电流的最大值 3. 触电与急救方法 ● 说出图例中安全标识的含义 ● 简述触电急救方法	4
	2. 用电设备的安全防护 ● 能正确设置安全防护栏 ● 能正确分析各类用电设备的安全运行要求	4. 常用低压电器的安全使用方法 ● 描述低压电器的日常维护方法 ● 简述常见电气火灾的急救方法 5. 用电设备安全相关知识 ● 描述用电设备安全防护栏的设置方法 ● 简述三相异步电动机的安全运行要求 ● 简述变压器的安全运行要求	
	3. 安全倒闸操作 ● 能正确操作断电倒闸 ● 能正确操作送电倒闸	6. 安全倒闸操作的步骤与要求 ● 简述断电倒闸的步骤与要求 ● 简述送电倒闸的步骤与要求	
2. 直流电路测量	1. 直流电路的分析 ● 能正确分析简单电路的分压和分流作用 ● 能正确标出复杂电路的回路、网孔、节点和支路	1. 直流电路的基本构成与定律 ● 说出电路的基本构成 ● 简述电路的基本定律	4
	2. 直流电路的测量 ● 能正确使用万用表测量直流电压 ● 能正确使用万用表测量直流电流	2. 直流电压的测量方法与要求 ● 简述直流电压的测量方法 ● 简述直流电压的测量要求 3. 直流电流的测量方法与要求 ● 简述直流电流的测量方法 ● 简述直流电流的测量要求	
3. 交流电路测量	1. 单相正弦交流电路的分析 ● 能正确分析单相正弦交流电路总电压与总电流的相位关系	1. 单相正弦交流电路的构成 ● 说出交直流电路的区别 ● 说出图例中电路的基本构成 ● 画出单相正弦交流电路电压与电流的相量图	4

学习任务	技能与学习要求	知识与学习要求	参考学时
3. 交流电路测量	2. 单相正弦交流电路的测量 ● 能正确使用万用表测量交流电压	2. 正弦交流电路的三要素 ● 说出正弦交流电路的三要素 ● 举例简述单一参数交流电路的特点 3. 单相正弦交流电路的测量方法与要求 ● 简述单相正弦交流电路电压的测量方法 ● 简述单相正弦交流电路电压的测量要求	
	3. 三相正弦交流电路的分析 ● 能正确分析三相正弦交流电路的相序关系	4. 三相正弦交流电路的构成 ● 说出三相正弦交流电路的基本构成 ● 画出三相正弦交流电路电压与电流的相量图	
	4. 三相正弦交流电路的测量 ● 能正确使用万用表测量交流电压	5. 三相正弦交流电路的测量方法与要求 ● 简述三相正弦交流电路电压的测量方法 ● 简述三相正弦交流电路电压的测量要求	
4. 三相异步电动机控制电路的接线、调试与排故	1. 供配电系统的识读 ● 能根据图例，识读供配电系统电气系统图和接线图	1. 供配电系统的构成与供电过程 ● 说出图例中供配电系统的构成 ● 简述供配电系统的供电过程 2. 供配电系统运维的内容与规程 ● 简述供配电系统运维的内容与规程 ● 简述供配电监测系统的内容	60
	2. 常用公用设备电气系统图的识读 ● 能根据图例，识读照明电气系统接线图 ● 能根据图例，识读电梯电气系统接线图	3. 照明电气系统的构成与维护方法 ● 举例说明照明电气系统的构成 ● 简述照明电气系统的维护方法与要求 4. 电梯电气系统的构成与维护方法 ● 举例说明电梯电气系统的构成 ● 简述电梯电气系统的维护方法与要求	
	3. 三相异步电动机双重互锁接触器正反转控制线路接线与调试 ● 能正确识别电路相关元件 ● 能使用万用表判断电路元件的好坏 ● 能使用合适的仪器仪表检验绝缘导线的绝缘状况 ● 能识读控制线路电路原理图 ● 能按原理图装接控制线路 ● 能使用万用表测量电路电压	5. 三相异步电动机双重互锁接触器正反转控制线路的构成 ● 说出电路相关元件的名称 ● 说出电路相关元件的作用 6. 三相异步电动机双重互锁接触器正反转控制线路元件的检测方法 ● 简述电路相关元件的检测方法 ● 说出元件内、外部检查的内容 7. 三相异步电动机双重互锁接触器正反转控制线路的工作过程 ● 简述三相异步电动机双重互锁接触器正反转控制线路的控制过程	

（续表）

学习任务	技能与学习要求	知识与学习要求	参考学时
	4. 三相异步电动机双重互锁接触器正反转控制线路故障排除 ● 能检测和判断三相异步电动机双重互锁接触器正反转控制线路常见故障,并采用正确方法排除故障	8. 三相异步电动机双重互锁接触器正反转控制线路的调试方法 ● 说出三相异步电动机双重互锁接触器正反转控制线路的调试程序和注意事项 9. 三相异步电动机双重互锁接触器正反转控制线路故障排除的一般方法 ● 说明电动机检修记录单的填写要求 ● 简述三相异步电动机双重互锁接触器正反转控制线路常见故障的排除方法	
4. 三相异步电动机控制电路的接线、调试与排故	5. 三相异步电动机通电延时带直流能耗制动 Y-△(星-三角)启动控制线路接线与调试 ● 能正确识别电路相关元件 ● 能使用万用表判断电路元件的好坏 ● 能使用合适的仪器仪表检验绝缘导线的绝缘状况 ● 能识读控制线路电路原理图 ● 能按原理图装接控制线路 ● 能使用万用表测量电路电压	10. 三相异步电动机通电延时带直流能耗制动 Y-△(星-三角)启动控制线路的构成 ● 说出电路相关元件的名称 ● 说出电路相关元件的作用 11. 三相异步电动机通电延时带直流能耗制动 Y-△(星-三角)启动控制线路元件的检测方法 ● 简述电路相关元件的检测方法 ● 说出元件内、外部检查的内容 12. 三相异步电动机通电延时带直流能耗制动 Y-△(星-三角)启动控制线路的工作过程 ● 简述三相异步电动机通电延时带直流能耗制动 Y-△(星-三角)启动控制线路的控制过程 13. 三相异步电动机通电延时带直流能耗制动 Y-△(星-三角)启动控制线路的调试方法 ● 说出三相异步电动机通电延时带直流能耗制动 Y-△(星-三角)启动控制线路的调试程序和注意事项	
	6. 三相异步电动机通电延时带直流能耗制动 Y-△(星-三角)启动控制线路故障排除 ● 能检测和判断三相异步电动机通电延时带直流能耗制动 Y-△(星-三角)启动控制线路常见故障,并采用正确方法排除故障	14. 三相异步电动机通电延时带直流能耗制动 Y-△(星-三角)启动控制线路故障排除的一般方法 ● 说明电动机检修记录单的填写要求 ● 简述三相异步电动机通电延时带直流能耗制动 Y-△(星-三角)启动控制线路常见故障的排除方法	

（续表）

学习任务	技能与学习要求	知识与学习要求	参考学时
5. 整流电路的焊接与调试	1. 二极管的识别与检测 ● 能识读各类二极管的符号 ● 能根据符号及标志识别二极管的管脚 ● 能根据型号区分不同二极管的类型 ● 能使用万用表判断二极管阳阴极及好坏	1. 半导体的类型与特点 ● 简述常用半导体的类型与特点 ● 说明 PN 结的单向导电性能 2. 二极管的类型、主要参数与伏安特性 ● 说明常用二极管的类型 ● 简述二极管的主要参数与使用要求 ● 说出图例中二极管的伏安特性 ● 说出图例中二极管每个区域的工作特性 3. 二极管的检测方法 ● 简述判断二极管管脚极性的方法 ● 简述判断二极管好坏的方法	16
	2. 单相半波、单相桥式整流滤波电路焊接 ● 能使用万用表判断电阻、电容等元件的好坏 ● 能根据参数正确选用整流二极管 ● 能分析整流滤波电路原理 ● 能按原理图焊接电子电路	4. 整流电路的组成形式 ● 说出单相半波、单相桥式整流滤波电路的组成形式 5. 滤波电路的组成形式 ● 说出常用滤波电路的组成形式 6. 整流滤波电路的焊接步骤与方法 ● 简述整流滤波电路的焊接步骤与方法	
	3. 单相半波、单相桥式整流滤波电路调试与排故 ● 能正确使用示波器等相关检测仪表 ● 能使用万用表、示波器正确测量整流滤波电路参数 ● 能正确测量、描绘完整波形并记录测量参数 ● 能检测和判断单相半波、单相桥式整流滤波电路常见故障，并采用正确方法排除故障	7. 示波器的使用方法 ● 说明示波器面板组成、各按钮作用及使用方法 8. 整流滤波电路的工作原理 ● 简述单相半波、单相桥式整流滤波电路的工作原理 9. 整流滤波电路参数的计算方法及波形 ● 写出单相半波、单相桥式整流滤波电路输出、输入电压之间的计算公式 ● 简述单相半波、单相桥式整流滤波电路的波形特点 10. 单相半波、单相桥式整流滤波电路常见故障及现象 ● 简述单相半波、单相桥式整流滤波电路常见故障及现象 ● 简述常见故障产生的原因及判断依据 11. 单相半波、单相桥式整流滤波电路故障排除的一般方法 ● 简述单相半波、单相桥式整流滤波电路常见故障的排除方法	

（续表）

学习任务	技能与学习要求	知识与学习要求	参考学时
6. 晶体管放大电路的焊接与调试	1. 三极管的识别 ● 能识读各类三极管的符号 ● 能根据符号及标志识别三极管的管脚 ● 能根据型号区分不同三极管的类型	1. 三极管的结构 ● 简述三极管内部组成结构及管脚名称 2. 三极管的类型与材料 ● 简述常用三极管的类型与材料 3. 三极管的工作特性 ● 简述三极管的放大原理 ● 说出三极管的输入特性、输出特性和工作区域	16
	2. 三极管的检测 ● 能使用万用表判断三极管管脚及好坏 ● 能正确使用晶体管图示仪检测三极管的特性	4. 三极管的主要参数与检测方法 ● 简述三极管的主要参数与使用要求 ● 简述判断三极管管脚极性的方法 ● 简述判断三极管好坏的方法 5. 晶体管图示仪的使用方法 ● 说明晶体管图示仪面板组成、各按钮作用及使用方法	
	3. 单级和多级晶体管放大电路焊接 ● 能使用万用表判断电阻、电容等元件的好坏 ● 能根据参数正确选用三极管 ● 能识读单级和多级晶体管放大电路原理图 ● 能按原理图焊接单级和多级晶体管放大电路	6. 单级和多级晶体管放大电路的组成形式 ● 说出单级小信号放大电路、功率放大电路、多级放大电路的组成形式 ● 简述电路中常用反馈的类型 ● 说出多级放大电路耦合方式 7. 单级和多级晶体管放大电路的焊接步骤与方法 ● 简述单级和多级晶体管放大电路的焊接步骤与方法	
	4. 单级和多级晶体管放大电路调试与排故 ● 能正确使用信号发生器 ● 能使用万用表、示波器正确测量单级和多级晶体管放大电路参数 ● 能正确测量、描绘完整波形并记录测量参数 ● 能正确使用示波器、晶体管毫伏表等相关检测仪表 ● 能检测和判断单级和多级晶体管放大电路常见故障，并采用正确方法排除故障	8. 信号发生器的使用方法 ● 简述信号发生器面板组成、各按钮作用及使用方法 9. 单级和多级晶体管放大电路的工作原理 ● 简述单级和多级晶体管放大电路的工作原理 10. 负反馈电路的特点 ● 总结负反馈电路的特点 ● 简述负反馈对放大电路性能的影响 11. 晶体管毫伏表的使用方法 ● 简述晶体管毫伏表面板组成、各按钮作用及使用方法	

（续表）

学习任务	技能与学习要求	知识与学习要求	参考学时
6. 晶体管放大电路的焊接与调试		12. 单级和多级晶体管放大电路常见故障及现象 ● 简述单级和多级晶体管放大电路常见故障及现象 ● 简述常见故障产生的原因及判断依据 13. 单级和多级晶体管放大电路故障排除的一般方法 ● 简述单级和多级晶体管放大电路常见故障的排除方法	
7. 稳压电路的焊接与调试	1. 稳压二极管的识别与检测 ● 能正确识读稳压二极管的符号 ● 能根据符号及标志识别稳压二极管的管脚 ● 能根据型号区分不同稳压二极管的类型 ● 能使用万用表判断稳压二极管的管脚	1. 稳压二极管的结构 ● 简述稳压二极管内部组成结构及管脚名称 2. 稳压二极管的工作特性 ● 简述稳压二极管的工作特性 3. 稳压二极管的主要参数 ● 简述稳压二极管的主要参数与使用要求 4. 稳压二极管的检测方法 ● 简述判断稳压二极管管脚极性的方法	8
	2. 典型稳压电路焊接 ● 能使用万用表判断电容、二极管、三极管等元件的好坏 ● 能根据参数正确选用稳压二极管 ● 能识读典型稳压电路原理图 ● 能判断常用三端集成稳压器的引脚极性 ● 能按原理图焊接典型稳压电路	5. 典型稳压电路的组成形式 ● 说出并联稳压电路、带放大环节的串联稳压电路的组成形式 6. 典型稳压电路的焊接步骤与方法 ● 简述典型稳压电路的焊接步骤与方法 7. 三端集成稳压器的类型、主要参数与使用要求 ● 简述常用三端集成稳压器的类型、主要参数与使用要求 8. 三端集成稳压器的应用方法 ● 简述三端集成稳压器的应用方法	
	3. 典型稳压电路调试与排故 ● 能使用万用表正确测量典型稳压电路电压并记录测量数值 ● 能正确使用晶体管图示仪测量并记录晶体管相关参数 ● 能检测和判断典型稳压电路常见故障，并采用正确方法排除故障	9. 典型稳压电路的工作原理 ● 简述典型稳压电路的工作原理 10. 典型稳压电路相关量的计算方法 ● 简述典型稳压电路相关量的计算方法 11. 典型稳压电路常见故障及现象 ● 简述典型稳压电路常见故障及现象 ● 简述常见故障产生的原因及判断依据 12. 典型稳压电路故障排除的一般方法 ● 简述典型稳压电路常见故障的排除方法	

（续表）

学习任务	技能与学习要求	知识与学习要求	参考学时
8. 晶闸管调光整流电路的焊接与调试	1. 晶闸管、单结晶体管的识别与检测 ● 能正确识读晶闸管、单结晶体管的符号 ● 能根据外部标志识别晶闸管、单结晶体管的管脚 ● 能根据型号区分不同晶闸管、单结晶体管的类型 ● 能使用万用表判断晶闸管、单结晶体管管脚及好坏	1. 晶闸管的结构 ● 简述晶闸管内部组成结构及管脚名称 2. 晶闸管的工作特性 ● 简述晶闸管的工作特性 3. 单结晶体管的结构 ● 简述单结晶体管内部组成结构及管脚名称 4. 单结晶体管的工作特性 ● 简述单结晶体管的工作特性 5. 晶闸管、单结晶体管的主要参数 ● 简述晶闸管、单结晶体管的主要参数与使用要求 6. 晶闸管、单结晶体管的检测方法 ● 简述判断晶闸管、单结晶体管管脚及好坏的方法	8
	2. 晶闸管调光整流电路焊接 ● 能使用万用表判断电容、二极管、稳压管等元件的好坏 ● 能识读晶闸管调光整流电路原理图 ● 能按原理图焊接晶闸管调光整流电路	7. 晶闸管调光整流电路的组成形式 ● 说出晶闸管单相、三相常用调光整流电路的组成形式 8. 晶闸管调光整流电路的焊接步骤与方法 ● 简述晶闸管调光整流电路的焊接步骤与方法 9. 晶闸管调光整流电路的工作原理 ● 简述晶闸管调光整流电路的工作原理	
	3. 晶闸管调光整流电路调试与排故 ● 能使用万用表、示波器正确测量晶闸管调光整流电路参数 ● 能正确测量、描绘完整波形并记录测量参数 ● 能检测和判断晶闸管调光整流电路常见故障，并采用正确方法排除故障	10. 晶闸管调光整流电路参数的计算方法及波形 ● 简述晶闸管调光整流电路输出、输入电压之间的关系 ● 简述晶闸管调光整流电路相关电量的计算方法及波形特点 11. 晶闸管调光整流电路常见故障及现象 ● 简述晶闸管调光整流电路常见故障及现象 ● 简述常见故障产生的原因及判断依据 12. 晶闸管调光整流电路故障排除的一般方法 ● 简述晶闸管调光整流电路常见故障的排除方法	

（续表）

学习任务	技能与学习要求	知识与学习要求	参考学时
9. 功率放大电路的焊接与调试	1. 大功率晶体管的识别与检测 ● 能正确识别大功率晶体管的元件 ● 能根据大功率晶体管符号查阅出各种极限参数 ● 能使用晶体管特性图示仪测量大功率晶体管的参数 2. 功率放大电路焊接 ● 能使用万用表判断功率放大电路中各元件的好坏 ● 能识读功率放大电路原理图 ● 能按原理图焊接功率放大电路 3. 功率放大电路调试与排故 ● 能使用万用表测量、调整功率放大电路的工作电压 ● 能使用非线性失真仪测量功率放大电路的非线性失真系数 ● 能检测和判断信号灯电路常见故障，并采用正确方法排除故障	1. 大功率晶体管的识别方法与散热措施 ● 说出大功率晶体管引脚识别方法 ● 说出大功率晶体管的散热措施 2. 大功率晶体管的检测方法 ● 简述大功率晶体管的极限参数和检测方法 3. 功率放大器的类型 ● 简述功率放大器的工作特点与工作原理 ● 简述各类功率放大器效率的计算方法 4. 非线性失真概念 ● 说出功率放大电路非线性失真的含义 ● 说出非线性失真仪面板组成、各按钮作用及使用方法 ● 说出功率放大电路非线性失真系数的测量方法 ● 说出功率放大管、扬声器的保护措施 5. 功率放大电路故障排除的一般方法 ● 简述信号灯电路常见故障的排除方法	16
10. 常用数字电路的检测	1. 门电路的识别与检测 ● 能正确识别门电路的类型 ● 能使用万用表判断门电路的管脚 2. 触发器的识别与检测 ● 能正确识别触发器的类型 ● 能正确识读常用触发器的逻辑符号 ● 能检测触发器的逻辑功能	1. 数字电路常用符号 ● 说出基本逻辑门符号 ● 说出逻辑表达式和真值表的含义 2. 门电路的类型 ● 说出常用门电路的类型 3. 门电路的表示方法 ● 画出三个基本门电路的表示方法 ● 说出分立元件门电路的基本形式 ● 说出分立元件门电路的组成 4. 门电路的逻辑功能 ● 简述常用门电路的逻辑功能 5. 触发器的类型 ● 简述常用触发器的类型 6. 触发器的逻辑功能 ● 简述常用触发器的逻辑功能	8
总学时			144

五、 实施建议

（一）教材编写与选用建议

1. 应依据本课程标准编写教材或选用教材，从国家和市级教育行政部门发布的教材目录中选用教材，优先选用国家和市级规划教材。

2. 教材要充分体现育人功能，紧密结合教材内容、素材，有机融入课程思政要求，将课程思政内容与专业知识、技能有机统一。

3. 树立以学生为中心的教材观，在设计教材结构和组织教材内容时应遵循中职学生认知特点与学习规律。

4. 本课程主要是实训操作课，教材编写应以职业能力为逻辑线索，按照职业能力培养由易到难、由单一到综合的规律，确定教材各部分的目标、内容，并进行相应的任务、活动设计等，从而建立起一个结构清晰、层次分明的教材内容体系。

5. 教材在整体设计和内容选取时，要注重引入行业发展的新业态、新知识、新技术、新工艺、新方法，对接相应的职业标准和岗位要求，吸收先进产业文化和优秀企业文化。创设或引入职业情境，增强教材的职场感。

6. 教材要贴近学生生活，贴近职场，采用生动活泼的、学生乐于接受的语言、图表等去呈现内容，让学生在使用教材时有亲切感、真实感。

（二）教学实施建议

1. 切实推进课程思政建设，寓价值观引导于知识传授和能力培养之中，帮助学生塑造正确的世界观、人生观、价值观。要深入梳理教学内容，结合课程特点，深入挖掘课程思政元素，有机融入课程教学，达到润物无声的育人效果。

2. 教学要充分体现"实践导向、任务引领、理实一体、做学合一"的职教课改理念，紧密联系企业生产生活实际，以企业典型任务为载体，加强理论教学与实践教学的结合，充分利用各种实训场所与设备，促进教与学方式的转变。

3. 教师应坚持以学生为中心的教学理念，充分尊重学生，遵循学生认知特点与学习规律，努力成为学生学习的组织者、指导者和同伴。

4. 采取灵活多样的教学方式，充分调动学生学习的积极性、能动性，积极探索自主学习、合作学习、探究式学习、问题导向式学习、体验式学习、混合式学习等体现教学新理念的教学方式。

5. 有效利用现代信息技术，改进教学方法与手段，提升教学效果。

（三）教学评价建议

1. 要以本课程标准为依据，开展基于标准的教学评价，既要对相关知识、技能进行评价，也要对态度、情感进行评价。

2. 以评促教、以评促学,通过课堂教学及时评价,不断改进教学方法与手段。

3. 教学评价始终坚持德技并重的原则,构建德技融合的专业课教学评价体系,把德育和职业素养的评价内容与要求细化为具体的评价指标,有机融入专业知识与技能的评价指标体系,形成可观察、可测量的评价量表,综合评价学生学习情况。通过有效评价,在日常教学中不断促进学生思想品德和职业素养的形成。

4. 应注重对学生在实践中分析问题、解决问题能力的考核,对学习和应用上有创新的学生应给予特别鼓励,综合评价学生能力。

5. 注重日常教学中对学生学习过程的评价。充分利用多种过程性评价工具,如评价表、记录袋等,积累过程性评价数据,形成过程性评价与终结性评价相结合的评价模式。

(四)资源利用建议

1. 建立电工电子实训室。

2. 注重教学资源开发和利用,包括实训指导资料开发、图书馆资料利用、演示仿真软件观看、录像视频观看等。

3. 积极开发和利用互联网。充分利用搜索引擎、电子书籍、教育网站、相关政府网站、电子论坛、云课堂等网络信息资源。创造条件,积极开发电工电子技术基础网络教学交流平台。

4. 积极与建筑智能化楼宇物业小区、商务楼、生产企业等进行校企合作,扩大实习、实训基地规模。

建筑识图与构造课程标准

| 课程名称

建筑识图与构造

| 适用专业

中等职业学校建筑智能化设备安装与运维专业

一、 课程性质

本课程是中等职业学校建筑智能化设备安装与运维专业的一门专业基础课程,也是一门专业必修课程。其功能是使学生掌握识读建筑施工图的基本技能,熟悉房屋建筑的基本构造组成,可为后续其他专业课程的学习奠定基础。

二、 设计思路

本课程遵循任务引领、做学合一的原则,根据中职建筑智能化设备安装与运维专业工作任务与职业能力分析结果,以识读建筑施工图、房屋建筑构造相关工作任务与职业能力为依据而设置。

课程内容紧紧围绕建筑识图与构造所需职业能力培养的需要,参照国家制图规范和标准,选取了形体投影图识读、建筑施工图识读、房屋建筑构造识读等内容,遵循适度够用的原则,确定相关理论知识、专业技能与要求,并融入智能楼宇管理员职业技能等级证书(四级)的相关考核要求。

课程内容组织以投影图识读为线索,按照建筑施工图识读和房屋建筑构造原理的认知规律,以培养识读建筑施工图和理解房屋建筑构造的能力为主线,设有形体投影图识读与绘制,轴测投影图识读与绘制,剖面图和断面图识读,建筑施工图识读,房屋建筑类型、等级与构造组成的识别,基础与地下室构造识读,墙体构造识读,楼(地)层构造识读,楼梯构造识读,屋顶构造识读,门窗构造识读 11 个学习任务,以任务为引领,通过学习任务整合相关知识、技能与职业素养,充分体现任务引领型课程特点。

本课程建议学时数为 72 学时。

三、 课程目标

通过本课程的学习,学生能了解房屋建筑构造的基础知识,掌握识读房屋建筑施工图的基本技能,培养从局部到整体的综合分析能力,达到智能楼宇管理员职业技能等级证书(四级)的相关考核要求,具体达成以下职业素养和职业能力目标。

(一) 职业素养目标

- 养成爱岗敬业、认真负责、严谨细致、一丝不苟的职业态度。
- 养成识图、制图规范意识和勤于查阅建筑制图国家标准的良好习惯。
- 养成严格遵守建筑制图规范绘制施工图的工作习惯。
- 养成尽职尽责、诚实守信、敢于担当、吃苦耐劳的职业品质。

(二) 职业能力目标

- 能识读与绘制几何形体的三面投影图、轴测投影图、剖面图、断面图。
- 能快速、准确地识读房屋建筑施工图,说出图纸表达的信息。
- 能正确识别房屋建筑类型、等级与构造组成。
- 能正确识读房屋构造图,说出房屋建筑各部分的构造原理与组成。
- 能查阅并使用建筑标准设计图集及相关标准与规范。

四、 课程内容与要求

学习任务	技能与学习要求	知识与学习要求	参考学时
1. 形体投影图识读与绘制	1. 几何制图与标注 ● 能按指定比例绘制几何图形 ● 能根据建筑制图标准,规范书写汉字、字母和数字 ● 能根据建筑制图标准,规范标注简单工程的图样尺寸	1. 建筑制图有关规定 ● 记住建筑工程图纸的幅面规格 ● 记住图线的种类与用途 ● 记住书写字体的规定 ● 记住绘制图样选用比例的规定 ● 记住图样尺寸标注的规定 2. 几何作图方法 ● 记住制图工具的使用方法 ● 说出常用的几何作图方法	2
	2. 点的三面投影识读 ● 能识读点的三面投影 ● 能判断点的三面投影图的正确性 ● 能判断空间两点的相对位置	3. 点的三面投影特性 ● 说出点的三面投影的投影特性 ● 说出点投影与直角坐标的关系 4. 空间两点的相对位置关系 ● 知道判断空间两点相对位置的方法 ● 知道判断空间两点在某投影面投影重合的方法	2

（续表）

学习任务	技能与学习要求	知识与学习要求	参考学时
1. 形体投影图识读与绘制	3. 直线的三面投影识读 ● 能判断一般位置直线 ● 能判断投影面平行线 ● 能判断投影面垂直线 ● 能判断空间点与直线的关系 ● 能判断两直线的相对位置	5. 直线的三面投影特性 ● 说出一般位置直线的投影特性 ● 说出投影面平行线的投影特性 ● 说出投影面垂直线的投影特性 6. 空间点在直线上的判断方法 ● 说出点与直线的从属性关系 ● 记住直线上的点分割线段成定比的投影特性 7. 两直线相对位置的判断方法 ● 记住两直线平行的判断方法 ● 记住两直线相交的判断方法 ● 记住两直线交叉的判断方法	2
	4. 平面的三面投影识读 ● 能判断一般位置平面 ● 能判断投影面平行面 ● 能判断投影面垂直面 ● 能判断平面上的直线 ● 能判断平面上的点	8. 平面的三面投影特性 ● 说出一般位置平面的投影特性 ● 说出投影面平行面的投影特性 ● 说出投影面垂直面的投影特性 9. 平面上直线和点的投影特性 ● 记住直线在平面上的投影特性 ● 记住点在平面上的投影特性	2
	5. 基本形体投影图识读 ● 能分析平面立体表面上点和直线的投影 ● 能识读和绘制平面立体投影图 ● 能分析曲面立体表面上点的投影关系 ● 能识读和绘制曲面立体投影图	10. 平面立体投影图 ● 说出平面立体的三面投影规律 ● 说出平面立体表面上点和直线的投影特性 11. 曲面立体投影图 ● 说出曲面立体的三面投影规律 ● 说出曲面立体表面上取点的方法	2
	6. 组合体投影图识读与绘制 ● 能正确识读组合体的三面投影图 ● 能识读和判断组合体之间的关系 ● 能标注组合体投影图的尺寸	12. 组合体投影图 ● 说出组合体的组合形式 ● 记住组合体的表面连接关系 ● 说出组合体投影图的绘制步骤 ● 说出组合体投影图的识读方法 13. 组合体投影图尺寸标注的基本要求 ● 记住组合体投影图的尺寸标注类型 ● 说出组合体投影图尺寸标注的基本要求	2

(续表)

学习任务	技能与学习要求	知识与学习要求	参考学时
2. 轴测投影图识读与绘制	1. 正等轴测投影图识读与绘制 ● 能识读正等轴测投影图 ● 能绘制正等轴测投影图	1. 轴测投影 ● 说出轴测投影的形成原理 ● 说出轴测投影的基本特性 ● 说出常见轴测投影图的分类 2. 正等轴测投影图 ● 说出正等轴测投影图的轴间角与轴向伸缩系数 ● 说出正等轴测投影图的绘制步骤 ● 说出正等轴测投影图的尺寸标注方法	4
	2. 斜二等轴测投影图识读与绘制 ● 能识读斜二等轴测投影图 ● 能绘制斜二等轴测投影图	3. 斜二等轴测投影图 ● 说出斜二等轴测投影图的特点 ● 说出斜二等轴测投影图的绘制步骤 ● 说出斜二等轴测投影图的尺寸标注方法	4
3. 剖面图和断面图识读	1. 剖面图识读 ● 能根据剖面图剖切符号,判断剖面位置和剖视方向 ● 能识读剖面图各线型表示的内容 ● 能识读剖面图内的建筑材料图例	1. 剖面图的作用与特点 ● 说出剖面图的主要作用 ● 说出剖面图的投影特点 2. 剖面图的绘制方法 ● 说出常用的剖切位置 ● 说出常用的剖切方式 ● 说出运用剖切符号的基本要求 ● 说出剖面图的绘制要点 3. 常用建筑材料图例 ● 记住建筑制图标准规定的常用建筑材料图例	2
	2. 断面图识读 ● 能根据断面图剖切符号,判断断面位置和剖视方向 ● 能识读断面图各线型表示的内容 ● 能识读断面图内的建筑材料图例	4. 断面图的作用与特点 ● 说出断面图的主要作用 ● 说出断面图的投影特点 5. 断面图的形成 ● 说出选择剖切平面位置的方法 ● 知道绘制剖切符号与编号的要求 ● 知道断面图的常见画法与用途	2

（续表）

学习任务	技能与学习要求	知识与学习要求	参考学时
4. 建筑施工图识读	1. 建筑施工总说明识读 ● 能读懂图纸目录 ● 能读懂施工总说明 ● 能读懂门窗统计表 ● 能读懂门窗标准图集 ● 能读懂工程项目用建筑材料工艺	1. 建筑施工图的组成 ● 说出建筑施工图的设计过程 ● 记住施工图设计阶段的主要设计文件 ● 记住建筑施工图的组成 2. 建筑标准设计图集及其应用 ● 说出建筑标准设计图集的主要作用 ● 说出建筑标准设计图集的应用方法	2
	2. 建筑总平面图识读 ● 能识读建筑总平面图制图图例及文字说明 ● 能识读建筑总平面图的主要内容	3. 建筑总平面图 ● 说出建筑总平面图的作用 ● 记住建筑总平面图制图标准规定的图例 ● 说出建筑总平面图应用的比例 4. 相对标高和绝对标高 ● 说出建筑总平面图的等高线 ● 说出建筑总平面图的相对标高和绝对标高	2
	3. 建筑平面图识读 ● 能识读房屋平面形状、大小与组合 ● 能识读建筑平面图标注的尺寸与标高 ● 能识读建筑平面图中的常用符号 ● 能识读常见建筑构造图例 ● 能识读常见建筑配件图例 ● 能根据建筑制图标准,绘制简单的建筑平面图	5. 建筑平面图 ● 说出建筑平面图的形成 ● 说出建筑平面图在工程中的用途 ● 记住建筑平面图的主要内容 6. 建筑平面的绘制方法 ● 说出建筑平面图的绘制要求 ● 记住建筑平面图的绘制步骤 7. 建筑施工图的常用符号 ● 记住建筑施工图常用符号的绘制方法 ● 记住建筑施工图常用符号的标注方法 8. 常见建筑构造与配件图例 ● 记住常见图例的绘制方法 ● 记住常见建筑构造与配件图例的运用方法	4

学习任务	技能与学习要求	知识与学习要求	参考学时
4. 建筑施工图识读	4. 建筑立面图识读 ● 能识读房屋立面形状、大小与组合 ● 能识读建筑立面图标注的尺寸与标高 ● 能识读建筑立面图中的常用符号 ● 能识读门窗等配件图例和位置 ● 能识读立面细部构造和位置 ● 能根据建筑制图标准,绘制简单的建筑立面图	9. 建筑立面图 ● 说出建筑立面图的形成 ● 说出建筑立面图在工程中的用途 ● 记住建筑立面图的主要内容 10. 建筑立面图的绘制方法 ● 说出建筑立面图的绘制要求 ● 记住建筑立面图的绘制步骤	4
	5. 建筑剖面图识读 ● 能识读图示部位建筑构造的特点 ● 能识读图示部位结构构造的特点 ● 能识读建筑剖面图标注的尺寸与标高 ● 能识读建筑构造与配件图例 ● 能根据建筑制图标准,绘制简单的建筑剖面图	11. 建筑剖面图 ● 说出建筑剖面图的形成 ● 说出建筑剖面图在工程中的用途 ● 记住建筑剖面图的主要内容 12. 建筑剖面图的绘制方法 ● 说出建筑剖面图的绘制要求 ● 记住建筑剖面图的绘制步骤	4
5. 房屋建筑类型、等级与构造组成的识别	1. 建筑类型与等级识别 ● 能识别施工图示建筑的类型 ● 能识别施工图示建筑的等级	1. 建筑的类型 ● 记住建筑按使用性质的分类 ● 记住建筑按主要承重结构材料的分类 2. 建筑的等级 ● 说出建筑的耐久等级 ● 说出建筑的耐火等级	1
	2. 房屋建筑构造组成识别 ● 能识别房屋主体部分构造 ● 能识别房屋附属部分构造	3. 建筑模数及其应用 ● 说出建筑模数的概念 ● 知道建筑模数在工程中的应用 4. 房屋建筑构造基本要素 ● 记住房屋建筑常用构造组成 ● 知道影响房屋建筑构造的主要因素 ● 说出房屋建筑构造的主要作用	1

(续表)

学习任务	技能与学习要求	知识与学习要求	参考学时
6. 基础与地下室构造识读	1. 基础类型与组成判断 ● 能根据图纸判断基础的类型 ● 能根据图纸识别该类型基础的组成部分	1. 地基和基础的含义与区别 ● 说出地基和基础的含义 ● 解释地基和基础的区别	2
	2. 基础构造识读 ● 能识读条形、独立、片筏基础的构造详图	2. 基础 ● 说出基础的构造类型 ● 说出基础的构造组成及特点	
	3. 地下室类型与组成判断 ● 能根据图纸判断地下室的类型 ● 能根据图纸识别该类型地下室的组成部分	3. 地下室的类型与组成 ● 说出地下室的构造类型 ● 解释地下室的构造组成	
7. 墙体构造识读	1. 墙体类型与构造识读 ● 能根据设计要求选择墙体类型 ● 能判断墙体的类型(内墙、外墙,纵墙、横墙,承重墙、非承重墙,砖墙、混凝土墙、钢筋混凝土墙) ● 能说出砖墙的构造(组砌方式、墙厚、洞口尺寸)	1. 墙体类型与要求 ● 列举墙体的类型 ● 解释墙体的承重方案 ● 说出墙体的设计要求	2
	2. 墙体细部构造识读 ● 能根据详图图名、比例,在相关图上找出详图剖切的位置 ● 能根据墙身详图识别墙体的细部构造 ● 能识读勒脚、散水(或明沟)、防潮层、屋面、楼面、地面等部位构造与做法 ● 能根据图纸识读隔墙的构造	2. 墙体细部构造与要求 ● 说出勒脚、散水(或明沟)、防潮层、窗台、过梁、圈梁、构造柱的位置与作用 ● 辨认檐口的构造形式与排水方式 ● 说出详图符号的含义 ● 说出各层梁(过梁或圈梁)、板、窗台的位置及其与墙身的关系 ● 说出隔墙的类型与构造	4
8. 楼(地)层构造识读	1. 楼板构造识读 ● 能正确判断楼板层的类型 ● 能识别楼板层的构造组成	1. 楼板层的组成与类型 ● 说出楼板层的组成 ● 阐述楼板层的设计要求 ● 说出楼板层的类型	2
	2. 地坪构造识读 ● 能识别地坪层的构造组成 ● 能正确判断地坪层构造是否符合设计要求	2. 地坪层的组成与构造特点 ● 说出地坪层的组成 ● 说出地坪层的构造特点	2

学习任务	技能与学习要求	知识与学习要求	参考学时
8. 楼（地）层构造识读	3. 阳台及雨篷构造识读 ● 能根据图纸识读阳台及雨篷的构造组成 ● 能正确判断阳台及雨篷构造是否符合设计要求	3. 阳台及雨篷的类型与构造特点 ● 说出阳台及雨篷的类型 ● 解释阳台及雨篷的构造特点	2
9. 楼梯构造识读	1. 楼梯类型与构造识读 ● 能根据图纸正确区分楼梯的类型 ● 能根据图纸正确识别楼梯的尺度	1. 楼梯的组成、类型与尺度规定 ● 概述楼梯的组成 ● 说出楼梯的类型 ● 阐述楼梯的尺度规定	2
	2. 楼梯细部构造识读 ● 能根据图纸识别踏步和栏杆扶手的构造 ● 能识读踏步和栏杆扶手的构造要求 ● 能识读踏步的面层和细部处理	2. 楼梯的细部构造 ● 概述踏步和栏杆扶手的组成 ● 阐明踏步和栏杆扶手的细部构造和连接做法 ● 说出踏步的面层和细部处理	2
	3. 室外台阶、坡道构造识读 ● 能根据图纸正确分析室外台阶、坡道的构造组成 ● 能绘制室外台阶、坡道的详图	3. 室外台阶、坡道的组成 ● 说出室外台阶、坡道的组成 ● 说出室外台阶、坡道的基本构造	2
	4. 电梯、自动扶梯图识读 ● 能识读电梯、自动扶梯的平面图与详图	4. 电梯、自动扶梯的组成 ● 说出竖向直梯的组成 ● 概述自动扶梯的基本构造	2
10. 屋顶构造识读	1. 平屋顶构造识读 ● 能区分不同类型的屋顶形式 ● 能识读平屋顶柔性防水构造的做法 ● 能识读平屋顶细部构造的做法	1. 屋顶构造概述 ● 说出屋顶的形式 ● 概述屋顶的设计要求 2. 平屋顶的构造 ● 说出平屋顶的组成 ● 说出平屋顶的排水 ● 概述平屋顶的防水构造 ● 说出平屋顶的保温与隔热做法	2

(续表)

学习任务	技能与学习要求	知识与学习要求	参考学时
10. 屋顶构造识读	2. 坡屋顶构造识读 ● 能根据图纸识别坡屋顶的类型 ● 能识读坡屋顶常见构造的做法	2. 坡屋顶的构造 ● 说出坡屋顶的组成 ● 说出坡屋顶的承重结构 ● 说出坡屋顶的排水 ● 概述坡屋顶的屋面构造 ● 阐述坡屋顶的细部构造 ● 说出坡屋顶的保温与隔热做法	2
11. 门窗构造识读	1. 门和窗的形式与尺度分析 ● 能根据图纸正确判断门和窗的形式、开启方向 ● 能根据图纸正确判断门和窗的尺度	1. 门和窗的形式与尺度 ● 说出门和窗的形式与开启方向 ● 概述门和窗的尺度规定 ● 说出门框和窗框的固定方式	2
	2. 门和窗构造详图识读 ● 能根据实训基地不同类型门和窗的构造模型,识读门和窗的构造详图	2. 门和窗的构造要求 ● 阐述门的构造要求 ● 阐述窗的构造要求	2
总学时			72

五、 实施建议

(一) 教材编写与选用建议

1. 应依据本课程标准编写教材或选用教材,从国家和市级教育行政部门发布的教材目录中选用教材,优先选用国家和市级规划教材。

2. 教材要充分体现育人功能,紧密结合教材内容、素材,有机融入课程思政要求,将课程思政内容与专业知识、技能有机统一。

3. 教材编写与选用应充分体现"任务引领、做学合一、实践导向"课程设计思想。

4. 以学习任务为主线,融入本专业相关工作岗位对建筑识图与建筑构造知识、职业能力和职业素养的要求,基于"必需、够用"原则确定教学内容,根据完成学习任务的需要组织教材内容,使学生在熟悉建筑构造的基础上快速、高效地识读建筑施工图。

5. 教材编写应突出实用性,避免把职业能力简单理解为纯粹的技能操作,同时要具有前瞻性和实战性。在整体设计和内容选取时,要注意把本专业领域的发展趋势及实际业务操作中的新知识、新技术和新方法及时纳入其中。

6. 教材的编排应以学生为本,理论知识以学以致用和因材施教为原则,文字表述要简明扼要,内容展现应图文并茂,以提高学生的学习兴趣。

7. 教材的活动设计要具有可操作性,既结合专业,又具有新意。

(二)教学实施建议

1. 切实推进课程思政建设,寓价值观引导于知识传授和能力培养之中,帮助学生塑造正确的世界观、人生观、价值观。要深入梳理教学内容,结合课程特点,深入挖掘课程思政元素,有机融入课程教学,达到润物无声的育人效果。

2. 应加强对学生实际建筑识图与房屋建筑构造原理的理解与应用能力的培养,采用项目教学,以任务引领诱发学生兴趣,使学生具备准确理解房屋建筑构造、识读建筑施工图的基本能力。

3. 教师应以学生为本,积极启发引导学生的创造性,注意培养学生的空间想象能力,注重"教"与"学"的互动。通过选用典型活动项目,组织学生进行活动,让学生在不断练习中逐步达成目标,树立苦练绘图基本功的意识,掌握本课程的实践能力。

4. 教师应加强示范性教学。要有完备而清晰的示范图纸,要有现场的示范识图、绘图活动,提高学生的空间想象能力和实际操作能力。

5. 要强化职业技能训练,因材施教,注重实践,做学合一。

(三)教学评价建议

1. 要以本课程标准为依据,开展基于标准的教学评价。

2. 突出过程性评价,结合课堂提问、课堂识图训练、课后作业、模块考核等手段,加强实践性教学环节的考核,注重平时成绩记录,通过课堂教学及时评价,不断改进教学方法与手段。

3. 应注重对学生在实践中分析问题、解决问题能力的考核,综合评价学生能力。

4. 要重视并加强对职业素养的评价,以评价促进学生职业素养的形成。本课程重点关注学生正确、规范制图的能力以及对房屋建筑构造的理解,要求他们养成认真严谨、细心耐心、专业沟通的良好习惯。建议结合本课程具体内容编制职业素养评价指标与量表,把相关职业素养要求细化为过程性评价指标,形成可记录、可测量的评价量表,及时评价学生在课堂学习与实践操作中的职业素养。

(四)资源利用建议

1. 利用现代信息技术开发多媒体教学课件等多媒体资源,搭建多维、动态的课程训练平台,充分调动学生的主动性、积极性和创造性。

2. 积极开发和利用网络课程资源、电子书刊、数字图书馆、教育网站、电子论坛等网络信息资源,促进教学方式多元化、信息技术多元化、学习方式多元化。

3. 搭建产学合作平台,充分利用本行业的企业资源,满足学生参观、实训和毕业实习的需要,并在合作中关注学生职业能力的发展和教学内容的调整。

4. 利用实训中心,使教学与实训合二为一,满足学生综合职业能力培养的要求。

5. 应配备现行国家标准,如《房屋建筑制图统一标准》《建筑设备制图标准》等资料,同时配备成套典型建筑施工图、建筑设备施工图、建筑电气施工图、施工说明等资料。

CAD 与电气施工图绘制课程标准

┃课程名称

CAD 与电气施工图绘制

┃适用专业

中等职业学校建筑智能化设备安装与运维专业

一、 课程性质

本课程是中等职业学校建筑智能化设备安装与运维专业的一门专业基础课程,也是一门专业必修课程。其功能是使学生掌握 CAD 软件的操作技能和快速绘图的方法,具备绘制建筑电气施工图的基本职业能力。本课程是建筑识图与构造课程的后续课程,可为后续其他专业课程的学习奠定基础。

二、 设计思路

本课程遵循任务引领、做学合一的原则,根据中职建筑智能化设备安装与运维专业工作任务与职业能力分析结果,以应用 CAD 软件绘制建筑电气施工图相关工作任务与职业能力为依据而设置。

课程内容紧紧围绕建筑电气施工图识读与绘制所需职业能力培养的需要,参照国家制图规范和标准,选取了应用 CAD 软件进行几何形体投影图绘制、建筑施工图绘制、建筑电气施工图绘制、绘图文件输出等内容,遵循适度够用的原则,确定相关理论知识、专业技能与要求,并融入智能楼宇管理员职业技能等级证书(四级)的相关考核要求。

课程内容组织以应用 CAD 软件绘制建筑电气施工图的基本流程为线索,按照建筑电气施工图识读的认知规律,以施工图案例和建筑制图规范为载体,设有 CAD 绘图环境设置、几何形体投影图绘制、建筑施工图绘制、强电施工图绘制、弱电施工图绘制、CAD 图纸打印输出 6 个学习任务,以任务为引领,通过学习任务整合相关知识、技能与职业素养,充分体现任务引领型课程特点。

本课程建议学时数为 72 学时。

三、 课程目标

通过本课程的学习,学生能熟悉 CAD 软件的基本操作、绘图技巧等基础知识,掌握绘制建筑电气施工图的技能,达到 CAD 职业技能标准(初级)和智能楼宇管理员职业技能等级证书(四级)的相关考核要求,具体达成以下职业素养和职业能力目标。

(一) 职业素养目标

- 养成爱岗敬业、严谨细致、善于沟通的职业态度。
- 养成严格遵守建筑制图规范绘制施工图的工作习惯。
- 具有求真务实、精益求精的工匠精神。
- 养成尽职尽责、诚实守信、敢于担当、吃苦耐劳的职业品质。

(二) 职业能力目标

- 能熟练操作 CAD 软件。
- 能查阅并学习应用建筑制图规范。
- 能应用 CAD 软件绘制几何形体投影图。
- 能应用 CAD 软件绘制建筑施工图。
- 能应用 CAD 软件绘制建筑电气施工图。
- 能应用 CAD 软件输出绘图文件。

四、 课程内容与要求

学习任务	技能与学习要求	知识与学习要求	参考学时
1. CAD 绘图环境设置	1. CAD 软件基本操作 ● 能启动与退出 CAD 软件 ● 能操作菜单栏、工具栏和状态栏 ● 能操作常用功能键 ● 能操作常用快捷键 ● 能输入数据 ● 能选择实体对象	1. CAD 软件的概念 ● 说出 CAD 软件在建筑设计咨询领域的主要应用(范围) ● 说出 CAD 软件在建筑施工领域的主要应用(种类) 2. CAD 软件的基本操作方法 ● 说出启动与退出 CAD 软件的操作方法 ● 知道 CAD 软件操作界面组成 ● 记住功能键的操作方法 ● 记住快捷键的操作方法 ● 记住数据的输入方法 ● 知道选择实体对象的操作方法	1

（续表）

学习任务	技能与学习要求	知识与学习要求	参考学时
1. CAD 绘图环境设置	2. 绘图单位、图形界限及绘图样板设置 ● 能设置 CAD 软件的绘图单位 ● 能应用图形界限命令设置绘图区 ● 能根据绘图需要建立绘图样板文件	3. 绘图单位 ● 举例说明 CAD 软件中绘图单位的意义 ● 记住绘图单位的设置方法 4. 图形界限 ● 说出绘图区的概念 ● 记住图形界限命令的使用方法 5. 绘图样板 ● 知道绘图样板的功能与作用 ● 知道绘图样板文件的建立与使用方法	1
	3. 图层设置 ● 能根据建筑图样的组成创建图层 ● 能设置图层的颜色、线型和线宽	6. 图层 ● 说出图层的概念 ● 记住图层的创建方法 ● 记住图层颜色、线型、线宽的设置方法	2
2. 几何形体投影图绘制	1. 直线图形绘制 ● 能应用直线类命令绘制直线图形 ● 能应用编辑命令编辑直线图形	1. 直线类命令 ● 举例说明直线、射线、构造线命令的使用方法 ● 举例说明绘制直线图形时编辑命令的使用方法 ● 知道直线图形的绘制方法	2
	2. 曲线图形绘制 ● 能应用圆类命令绘制各类圆图形 ● 能应用圆弧命令绘制圆弧图形 ● 能应用圆环、椭圆命令绘制图形 ● 能应用样条曲线和徒手划线命令绘制图形 ● 能应用编辑命令编辑曲线图形	2. 曲线类命令 ● 举例说明圆、圆弧、圆环、椭圆、样条曲线命令的使用方法 ● 举例说明绘制曲线图形时编辑命令的使用方法 ● 知道曲线图形的绘制方法	2
	3. 多段线图形绘制 ● 能应用多段线命令绘制多段线图形 ● 能应用编辑命令编辑多段线图形	3. 多段线命令 ● 举例说明多段线命令的使用方法 ● 举例说明绘制多段线图形时编辑命令的使用方法 ● 知道多段线图形的绘制方法	2

(续表)

学习任务	技能与学习要求	知识与学习要求	参考学时
2. 几何形体投影图绘制	4. 规则多边形图形绘制 ● 能应用规则多边形类命令绘制规则多边形图形 ● 能应用编辑命令编辑规则多边形图形	4. 规则多边形类命令 ● 举例说明矩形、正多边形命令的使用方法 ● 举例说明绘制规则多边形图形时编辑命令的使用方法 ● 知道规则多边形图形的绘制方法	2
	5. 点图形绘制 ● 能应用点类命令绘制点图形 ● 能应用编辑命令编辑点图形	5. 点类命令 ● 举例说明点、点样式、定数等分、定距等分命令的使用方法 ● 举例说明绘制点图形时编辑命令的使用方法 ● 知道点图形的绘制方法	2
	6. 形体投影图绘制 ● 能应用 CAD 软件绘制三面投影图 ● 能应用 CAD 软件根据三面投影图绘制正等轴测图 ● 能应用 CAD 软件标注形体投影图尺寸	6. 三面投影图 ● 举例说明三面投影图的绘制方法 ● 知道三面投影图的绘制方法 7. 正等轴测图 ● 举例说明根据三面投影图绘制正等轴测图的方法 ● 举例说明正等轴测捕捉模式的使用方法 8. 形体投影图的标注方法 ● 归纳标注的构成和类型 ● 举例说明尺寸标注样式的设置方法 ● 举例说明各种类型尺寸标注命令的使用方法 ● 举例说明尺寸标注的编辑方法	6
3. 建筑施工图绘制	1. 建筑平面图绘制 ● 能正确识读建筑平面图 ● 能按要求创建图层,并对图层进行编辑 ● 能创建图块,并对图块进行应用和编辑 ● 能根据制图规范设置标注样式,并准确地对建筑平面图尺寸、标高和文字进行标注 ● 能应用 CAD 软件绘制建筑平面图	1. 建筑平面图 ● 概述建筑平面图表达的内容 ● 简述建筑平面图的绘制方法 ● 说出建筑平面图的标注方法 ● 知道建筑图纸标注样式的规范 ● 知道 CAD 图层的概念 ● 知道 CAD 图块的概念	6

（续表）

学习任务	技能与学习要求	知识与学习要求	参考学时
3. 建筑施工图绘制	2. 建筑立面图绘制 ● 能正确识读建筑立面图 ● 能绘制建筑立面图细部构造 ● 能正确使用建筑立面图图例和符号 ● 能准确地对建筑立面图尺寸和标高进行标注 ● 能应用CAD软件绘制建筑立面图	2. 建筑立面图 ● 说出建筑立面图的绘制要求 ● 说出建筑立面图表达的内容 ● 说出建筑立面图的绘制方法 ● 说出建筑立面图的标注方法 ● 记住建筑立面图中常用符号的标注方法	6
	3. 建筑剖面图绘制 ● 能正确识读建筑剖面图 ● 能正确使用建筑剖面图图例和符号 ● 能应用CAD软件绘制建筑剖面图	3. 建筑剖面图 ● 概述建筑剖面图表达的内容 ● 说出建筑剖面图的绘制方法 ● 记住建筑剖面图中常用图例、符号和标注样式	6
	4. 建筑节点详图绘制 ● 能识读索引符号与详图符号 ● 能识读墙面装饰材料 ● 能识读墙身详图 ● 能识读楼梯平面图、剖面图 ● 能识读楼梯节点细部构造尺寸 ● 能应用CAD软件绘制建筑节点详图	4. 建筑节点详图 ● 说出索引符号与详图符号表达的含义 ● 概述墙身详图表达的内容 ● 简述楼梯详图的形成 ● 概述楼梯节点详图表达的内容 ● 说出建筑节点详图的标注方法	6
4. 强电施工图绘制	1. 配电系统图绘制 ● 能正确标注配电箱编号、型号、进线回路编号 ● 能正确标注各类开关（或熔断器）型号、规格、整定值等 ● 能应用CAD软件绘制配电系统图	1. 配电系统图 ● 说出配电箱编号、型号、进线回路编号，各类开关（或熔断器）型号、规格、整定值等 ● 简述配电系统图的制图标准与规范 ● 说出配电系统图的绘制方法 ● 知道配电系统图的标注方法	2
	2. 配电平面图绘制 ● 能绘制配电平面图框架 ● 能正确绘制配电箱、控制箱 ● 能正确标注配电线路编号、型号及规格 ● 能正确绘制线路始终位置 ● 能正确标注配电线路回路规格、编号、敷设方式 ● 能应用CAD软件绘制配电平面图	2. 配电平面图 ● 了解配电平面图的制图标准 ● 说出建筑门窗、墙体、轴线的主要尺寸、工艺设备编号及容量 ● 说出配电平面图的绘制方法	4

（续表）

学习任务	技能与学习要求	知识与学习要求	参考学时
4. 强电施工图绘制	3. 照明平面图绘制 ● 能绘制照明平面图框架 ● 能正确标注配电箱、灯具、开关、插座、线路等 ● 能正确标注配电箱编号、干线、分支线回路编号、型号、规格、敷设方式等 ● 能应用 CAD 软件绘制照明平面图	3. 照明平面图 ● 了解照明平面图的制图标准 ● 说出配电箱、灯具、开关、插座、线路等在图纸中的表达方式和符号 ● 说出照明平面图的绘制方法 ● 说出照明平面图的标注方法	4
5. 弱电施工图绘制	1. 弱电系统图绘制 ● 能应用 CAD 软件绘制图纸目录、设计说明与图例 ● 能应用 CAD 软件绘制设备材料表 ● 能应用 CAD 软件绘制弱电工程系统图 ● 能根据相关制图标准，标注弱电点位系统图的文字	1. 弱电系统图 ● 概述建筑弱电系统原理、主要设备、供电方式、分布区域、线缆规格、系统逻辑、连锁关系等 ● 说出弱电工程图纸目录、设计说明、图例和设备材料表的内容 ● 熟悉弱电工程图纸绘制的相关规范	2
	2. 弱电平面图绘制 ● 能应用 CAD 软件绘制弱电设备平面敷设图 ● 能应用 CAD 软件绘制弱电井和控制室布置平面图、剖面图 ● 能应用 CAD 软件绘制室外管线图 ● 能根据相关制图标准，绘制弱电平面图的文字标注和说明	2. 弱电设备平面敷设图 ● 了解弱电相关设备、线槽和管路的规格、走向、标高和敷设方式 ● 了解线缆的规格、走向及弱电井的位置和井内设备材料 ● 简述控制室的位置及控制室内操作台、显示屏、工作人员衣物柜的布置要求 ● 简述弱电井内的电源要求及控制室内的装修要求和电源要求	6
	3. 弱电系统详图绘制 ● 能应用 CAD 软件绘制设备接线图 ● 能应用 CAD 软件绘制电气接口图 ● 能应用 CAD 软件绘制弱电设备安装大样图 ● 能根据相关制图标准，绘制弱电系统详图的文字标注和说明	3. 弱电系统详图 ● 了解弱电系统中接线较复杂的设备接线图要求 ● 简述弱电系统控制室内设备间连线原理 ● 说出弱电系统外接线注明的相关规范和要求 ● 理解楼宇自控系统与电气控制箱的接口方式 ● 理解机房内弱电设备的安装位置和安装方式	6

（续表）

学习任务	技能与学习要求	知识与学习要求	参考学时
6. CAD图纸打印输出	1. 图框、图签绘制 ● 能正确使用偏移、修剪和延伸等CAD命令进行图形绘制与编辑 ● 能正确创建和编辑图层 ● 能应用CAD软件绘制图框、图签，并制作成外部块文件	1. 图框、图签 ● 说出图框、图签的格式和要求 ● 简述偏移、修剪、图层等CAD命令的功能 ● 说出CAD软件中图块的概念及其应用功能	2
	2. CAD图纸打印输出 ● 能使用输出设备 ● 能在模型空间中完成打印设计文件 ● 能在图纸空间中完成打印设计文件	2. CAD图纸打印输出的方法 ● 说出模型空间、图纸空间布局的概念 ● 说出建立、设置和修改视口的方法 ● 说出页面管理器的设置方法 ● 说出打印样式的设置方法	2
总学时			72

五、 实施建议

（一）教材编写与选用建议

1. 应依据本课程标准编写教材或选用教材，从国家和市级教育行政部门发布的教材目录中选用教材，优先选用国家和市级规划教材。

2. 教材要充分体现育人功能，紧密结合教材内容、素材，有机融入课程思政要求，将课程思政内容与专业知识、技能有机统一。

3. 教材编写与选用应充分体现"任务引领、做学合一、实践导向"课程设计思想。

4. 以学习任务为主线，融入本专业相关工作岗位对建筑电气施工图识读与绘制知识、职业能力和职业素养的要求，基于"必需、够用"原则确定教学内容，根据完成学习任务的需要组织教材内容，加强对建筑电气施工图识读与应用CAD软件绘图的技能训练，使学生在各种学习及专业实践中提高识读、绘制建筑电气施工图的速度和准确率。

5. 教材编写应突出实用性，避免把职业能力简单理解为纯粹的技能操作，同时要具有前瞻性和实战性。在整体设计和内容选取时，要注意把本专业领域的发展趋势及实际业务操作中的新知识、新技术和新方法及时纳入其中。

6. 教材的编排应以学生为本，理论知识以学以致用和因材施教为原则，文字表述要简明扼要，内容展现应图文并茂，以提高学生的学习兴趣。

7. 教材的活动设计要具有可操作性，既结合专业，又具有新意。

（二）教学实施建议

1. 切实推进课程思政建设，寓价值观引导于知识传授和能力培养之中，帮助学生塑造正确的世界观、人生观、价值观。要深入梳理教学内容，结合课程特点，深入挖掘课程思政元素，有机融入课程教学，达到润物无声的育人效果。

2. 应加强对学生实际建筑电气施工图识读与 CAD 软件应用能力的培养，采用项目教学，以任务引领诱发学生兴趣，使学生具备准确绘制、识读建筑电气施工图的基本能力。

3. 教师应以学生为本，积极启发引导学生的创造性，注意培养学生的空间想象能力，注重"教"与"学"的互动。通过选用典型活动项目，组织学生进行活动，让学生在不断练习中逐步达成目标，树立苦练绘图基本功的意识，掌握本课程的实践能力。

4. 教师应加强示范性教学。要有完备而清晰的示范图纸，要有现场的示范识图、绘图活动，提高学生的空间想象能力和实际操作能力。

5. 要强化职业技能训练，因材施教，注重实践，做学合一。

6. 有效利用现代信息技术，改进教学方法与手段，提升教学效果。

（三）教学评价建议

1. 要以本课程标准为依据，开展基于标准的教学评价。

2. 突出过程性评价，结合课堂提问、课堂识图绘图训练、课后作业、模块考核等手段，加强实践性教学环节的考核，注重平时成绩记录。

3. 要重视并加强对职业素养的评价，以评价促进学生职业素养的形成。本课程重点关注学生正确、规范制图的能力以及认真严谨、细心耐心、专业沟通的表现。建议结合本课程具体内容编制职业素养评价指标与量表，把相关职业素养要求细化为过程性评价指标，形成可记录、可测量的评价量表，及时评价学生在课堂学习与实践操作中的职业素养。

（四）资源利用建议

1. 注重多媒体教学资源库、多媒体教学课件和多媒体仿真软件等现代化教学资源的开发和利用，搭建多维、动态、活跃、自主的课程训练平台，充分调动学生的主动性、积极性和创造性。同时联合各校开发多媒体教学资源，努力实现跨校教学资源的共享。

2. 注重建筑绘图软件的开发和利用，如模拟练习、模块考试等，引导学生积极主动地完成本课程的学习任务，为提高建筑电气施工图识读与绘制的职业能力提供有效途径。

3. 搭建产学合作平台，充分利用本行业的企业资源，满足学生参观、实训和毕业实习的需要，并在合作中关注学生职业能力的发展和教学内容的调整。

4. 利用实训中心，使教学与实训合二为一，满足学生综合职业能力培养的要求。

5. 应配备现行国家标准，如《房屋建筑制图统一标准》《建筑设备制图标准》等资料，同时配备成套典型建筑施工图、建筑设备施工图、建筑电气施工图、施工说明等资料。

建筑智能化基础课程标准

▎课程名称

建筑智能化基础

▎适用专业

中等职业学校建筑智能化设备安装与运维专业

一、 课程性质

本课程是中等职业学校建筑智能化设备安装与运维专业的一门专业基础课程,也是一门专业必修课程。其功能是使学生掌握建筑智能化方面必要的背景知识和整体概念,可为后续其他专业课程的学习奠定基础。

二、 设计思路

本课程遵循理论联系实际、学以致用的原则,根据中职建筑智能化设备安装与运维专业工作任务与职业能力分析结果,以建筑智能化基础相关知识为依据而设置。

课程内容紧紧围绕建筑智能化整体和各子系统相关的基础知识,选取了建筑通信与网络系统、安全防范系统、多媒体系统等内容,遵循适度够用的原则,确定相关理论知识,并融入智能楼宇管理员职业技能证书(四级)的相关考核要求。

课程内容组织以建筑智能化各子系统为线索,设有建筑智能化概述、建筑通信与网络系统、安全防范系统、楼宇自动化控制系统、消防火灾自动报警系统、多媒体系统、机房工程系统7个学习主题。

本课程建议学时数为 36 学时。

三、 课程目标

通过本课程的学习,学生具备建筑智能化基础基本理论知识,能掌握建筑智能化整体和各子系统的基本认知操作,理解建筑智能化整体和各子系统的作用、特点与相互之间的关系,达到智能楼宇管理员职业技能等级证书(四级)的相关考核要求,具体达成以下职业素养和职业能力目标。

（一）职业素养目标

● 具有良好的团队协作能力，有效地与不同职能部门进行沟通和协调。

● 具有持续学习和自我提升能力，了解建筑智能化领域的最新技术和趋势。

● 具有良好的职业道德和职业操守，为客户提供优质的服务。

（二）职业能力目标

● 能识别建筑通信与网络系统的典型设备。

● 能识别安全防范系统的典型设备。

● 能识别楼宇自动化控制系统的典型设备。

● 能识别消防火灾自动报警系统的典型设备。

● 能识别多媒体系统的典型设备。

● 能识别机房工程系统的典型设备。

四、 课程内容与要求

学习主题	内 容 与 要 求	参考学时
1. 建筑智能化概述	1. 建筑智能化的含义 ● 举例说明建筑智能化对生活的改变与影响 ● 说出智能建筑的历史、现状和发展 2. 建筑智能化系统的组成和主要功能 ● 说出建筑智能化系统的组成 ● 说出建筑智能化系统的主要功能	2
2. 建筑通信与网络系统	1. 建筑通信与网络系统的组成 ● 描述建筑通信的作用和组成 ● 说出语音通信系统的发展 ● 描述电话交换机的功能 ● 了解网络系统的功能、组成和技术参数 ● 简述无线通信系统的组成 2. 建筑通信与网络系统的设备 ● 简述有线电视面板、线缆、功分器的作用 ● 解释有线电视信号相关参数的含义 ● 列举常见的家庭通信设备	6
3. 安全防范系统	1. 安全防范系统的组成 ● 描述安全防范系统的作用 ● 说出安全防范系统的组成 2. 安全防范系统的设备 ● 了解防盗报警监控系统、停车场管理监控系统、出入口管理及周界防范报警监控系统、巡更监控系统的设备 ● 解释安防设备相关参数的含义 ● 举例说明巡更点、监控摄像机、门禁等安防设备的特点	6

学习主题	内　容　与　要　求	参考学时
4. 楼宇自动化控制系统	1. 楼宇自动化控制系统的组成 ● 描述楼宇自动化控制系统的作用和组成 ● 举例说明计算机控制技术在智能建筑中的应用 2. 楼宇自动化控制系统的应用 ● 说出几款常用的楼控软件 ● 简述楼宇自动化控制系统的应用和发展趋势	4
5. 消防火灾自动报警系统	1. 消防火灾自动报警系统的组成 ● 了解高层建筑消防的重要性 ● 描述消防火灾自动报警系统的作用和组成 2. 消防火灾自动报警系统的设备 ● 举例说明常用消防报警设备的功能 ● 说出常用消防报警设备的类型 3. 消防联动系统的组成 ● 描述消防联动系统的作用和组成 ● 说出智能小区、商厦内的消防火灾报警设备	6
6. 多媒体系统	1. 多媒体系统的组成 ● 举例说明多媒体系统的发展 ● 说出电子会议系统的组成 ● 说出公共广播、信息发布系统的组成 2. 多媒体系统的功能 ● 说出电子会议系统的功能 ● 说出公共广播、信息发布系统的功能 ● 列举常见的远程视频对话计算机软件种类	6
7. 机房工程系统	1. 机房工程系统的组成 ● 说出机房工程系统的组成 ● 简述机房工程系统的联结关系 2. 机房工程系统的设备 ● 描述机房设备的安装方法 ● 简述机房设备的安装注意事项 3. 机房工程系统的环境 ● 了解机房工程系统环境的要求 ● 简述机房工程系统环境的布置方法与注意事项	6
总学时		36

五、 实施建议

（一）教材编写与选用建议

1. 应依据本课程标准编写教材或选用教材,从国家和市级教育行政部门发布的教材目录中选用教材,优先选用国家和市级规划教材。

2. 教材要充分体现育人功能,紧密结合教材内容、素材,有机融入课程思政要求,将课程思政内容与专业知识、技能有机统一。

3. 树立以学生为中心的教材观,在设计教材结构和组织教材内容时应遵循中职学生认知特点与学习规律。

4. 教材提倡图文并茂,增加直观性,充分发挥视觉和听觉器官的作用,以激发初学者的学习兴趣,提高学习的持续性。

5. 教材在整体设计和内容选取时,要注重引入行业发展的新业态、新知识、新技术、新工艺、新方法,对接相应的职业标准和岗位要求,吸收先进产业文化和优秀企业文化。创设或引入职业情境,增强教材的职场感。

(二) 教学实施建议

1. 贯彻学习任务引领的教学理念,充分运用多媒体教学手段直观演示教学内容,同时通过组织参观先进的建筑智能化系统,提高学生学习的积极性。

2. 切实推进课程思政建设,寓价值观引导于知识传授和能力培养之中,帮助学生塑造正确的世界观、人生观、价值观。要深入梳理教学内容,结合课程特点,深入挖掘课程思政元素,有机融入课程教学,达到润物无声的育人效果。

3. 教师应坚持以学生为中心的教学理念,充分尊重学生,遵循学生认知特点与学习规律,努力成为学生学习的组织者、指导者和同伴。

4. 采取灵活多样的教学方式,充分调动学生学习的积极性、能动性,积极探索自主学习、合作学习、探究式学习、问题导向式学习、体验式学习、混合式学习等体现教学新理念的教学方式。

(三) 教学评价建议

1. 要以本课程标准为依据,开展基于标准的教学评价,既要对相关知识、技能进行评价,也要对态度、情感进行评价。

2. 教学评价的主体可以多元化,采取教师评价为主,学生自评、互评为辅的形式,引导学生形成个性化的学习方式,养成良好的学习习惯与职业习惯。

3. 评价的形式可以多样化,采用笔试、口试、操作考试和综合评价等多种形式,如让学生参观考察后撰写考察报告,并交流汇报讨论。

4. 应注重对学生在实践中分析问题、解决问题能力的考核,对学习和应用上有创新的学生应给予特别鼓励,综合评价学生能力。

(四) 资源利用建议

1. 注重教学资源开发和利用,包括图书馆资料利用、演示仿真软件观看、录像视频观看等。

2. 积极开发和利用互联网。充分利用搜索引擎、电子书籍、教育网站、相关政府网站、电子论坛等网络信息资源。创造条件,积极开发建筑智能化基础网络教学交流平台。

3. 积极与企业进行校企合作,开展建筑智能化基础认知实习、行业展会参观等,拓宽学生的知识面。

建筑信息模型应用课程标准

课程名称

建筑信息模型应用

适用专业

中等职业学校建筑智能化设备安装与运维专业

一、 课程性质

本课程是中等职业学校建筑智能化设备安装与运维专业的一门专业基础课程,也是一门专业必修课程。其功能是使学生掌握建筑信息模型(BIM)创建的相关知识和技能,具备从事 BIM 模型技术相关工作的基本职业能力。本课程是 CAD 与电气施工图绘制课程的后续课程,可为后续其他专业课程的学习奠定基础。

二、 设计思路

本课程遵循任务引领、做学合一的原则,根据中职建筑智能化设备安装与运维专业工作任务与职业能力分析结果,以创建 BIM 模型相关工作任务与职业能力为依据而设置。

课程内容紧紧围绕 BIM 模型认知与应用所需职业能力培养的需要,参照国家制图规范和标准,选取了 BIM 模型相关内容,遵循适度够用的原则,确定相关理论知识、专业技能与要求,并融入智能楼宇管理员职业技能等级证书(四级)的相关考核要求。

课程内容组织以培养创建 BIM 模型的能力为主线,设有 BIM 模型的认识,BIM 建模准备,BIM 建筑模型的创建,BIM 给排水模型的创建,BIM 消防工程模型的创建,BIM 暖通空调模型的创建,BIM 电气、弱电模型的创建,BIM 管线综合深化设计、BIM 模型的成果输出 9 个学习任务,以任务为引领,通过学习任务整合相关知识、技能与职业素养。

本课程建议学时数为 72 学时。

三、 课程目标

通过本课程的学习,学生具备 BIM 模型相关专业知识,能根据制图规范正确识读建筑施工图,熟练运用 BIM 软件创建建筑模型,达到智能楼宇管理员职业技能等级证书(四级)的相关考核要求,具体达成以下职业素养和职业能力目标。

(一) 职业素养目标

● 养成严格遵守建筑制图规范进行建模的工作习惯。

● 注重识图与建模细节,养成认真负责、严谨细致、静心专注、精益求精的职业态度。

● 不怕烦、不怕累,养成诚实守信、吃苦耐劳的职业品质。

(二) 职业能力目标

● 能熟练操作 BIM 软件。

● 能创建 BIM 建筑、给排水、消防工程、暖通空调、电气及弱电模型。

● 能实施 BIM 管线碰撞检查及管线综合深化设计。

● 能输出 BIM 模型明细表及专业图纸。

四、 课程内容与要求

学习任务	技能与学习要求	知识与学习要求	参考学时
1. BIM 的认知	1. BIM 相关标准的执行 ● 能共享和转换模型数据 ● 能根据 BIM 相关标准及技术政策指导实际工作	1. BIM 技术 ● 说出 BIM 的概念 ● 描述 BIM 技术的发展历程、现状与趋势 ● 概括 BIM 技术的特点与优势 2. BIM 平台及软件 ● 归纳主流 BIM 平台及软件分类 ● 描述各主流 BIM 软件的应用领域 3. BIM 建模依据 ● 描述 BIM 建模精度等级 ● 描述项目管理流程、协同工作知识与方法 ● 说出 BIM 相关标准及技术政策	2
2. BIM 建模准备	1. BIM 建模基础设置 ● 能设置 BIM 建模的软件、硬件环境 ● 能合理规划建模顺序 ● 能使用项目样板创建和设置项目文件 ● 能显示与隐藏模型对象 ● 能创建与管理视图(视图范围、图形可见性、视图精细度、视觉样式、视图比例)	1. BIM 建模基础知识 ● 说出 BIM 建模常用术语的含义 ● 描述 BIM 建模的一般流程 ● 简述 Revit 软件操作界面的组成 ● 简述图元对象选择与管理的方法	4

(续表)

学习任务	技能与学习要求	知识与学习要求	参考学时
2. BIM 建模准备	2. 标高、轴网的创建与编辑 ● 能创建与编辑标高、轴网 ● 能调整标高、轴网的相对位置,确保视图直观居中	2. 标高、轴网的创建方法 ● 列举标高的创建方法 ● 列举轴网的创建方法	
3. BIM 建筑模型的创建	1. 创建建筑墙体 ● 能编辑基本墙体的属性(厚度、顶/底高度、材质、命名等) ● 能正确绘制基本墙体 ● 能编辑幕墙的属性(长度和宽度、网格、竖梃、嵌板) ● 能正确绘制幕墙 ● 能编辑墙体装饰的属性(轮廓、材质) ● 能正确绘制墙体装饰	1. 创建建筑墙体相关知识要求 ● 说出墙体的分类和作用 ● 说出示例工程中包含的墙体类型 ● 描述基本墙、叠层墙、幕墙及墙体装饰的创建步骤 ● 描述基本墙、叠层墙、幕墙及墙体装饰的编辑方法 ● 描述基本墙、叠层墙、幕墙及墙体装饰的绘制方法	16
	2. 创建建筑柱 ● 能编辑建筑柱的属性(类型、截面尺寸、顶/底部高度、材质、命名等) ● 能根据图纸要求正确放置建筑柱构件	2. 创建建筑柱相关知识要求 ● 说出建筑柱和结构柱的区别 ● 说出示例工程中包含的建筑柱类型 ● 描述建筑柱的创建步骤	
	3. 创建门窗 ● 能编辑门的属性(高度、宽度、材质、底部高度、命名等) ● 能根据图纸要求正确放置门构件 ● 能编辑窗的属性(高度、宽度、材质、窗台底高度、命名等) ● 能根据图纸要求正确放置窗构件 ● 能根据图纸要求载入正确的门窗族	3. 创建门窗相关知识要求 ● 说出示例工程中包含的门窗类型与尺寸 ● 描述门窗的创建步骤 ● 描述门窗的编辑方法	
	4. 创建楼板 ● 能编辑楼板的属性(厚度、材质、标高、命名等) ● 能根据图纸确定楼板边界及部分细部构造,并布置楼板 ● 能核实已放置楼板的位置、属性是否正确 ● 能添加楼板坡度 ● 能添加楼板边缘	4. 创建楼板相关知识要求 ● 说出示例工程中包含的楼板类型 ● 描述楼板的创建步骤 ● 描述楼板的编辑方法 ● 简述楼板边缘的概念	

（续表）

学习任务	技能与学习要求	知识与学习要求	参考学时
3. BIM建筑模型的创建	5. 创建屋顶 ● 能创建并编辑迹线屋顶（平屋顶、坡屋顶） ● 能创建并编辑拉伸屋顶 ● 能正确选择并设置绘图工作平面 ● 能连接多个屋顶 ● 能创建老虎窗	5. 创建屋顶相关知识要求 ● 说出示例工程中包含的屋顶类型（平屋顶、坡屋顶、拉伸屋顶） ● 说出屋顶的创建方法 ● 说出创建屋顶需要确定的基本信息（屋顶边界线、材质、厚度、标高、坡度）	
	6. 创建楼梯、栏杆扶手 ● 能编辑楼梯的属性（位置、踏步数量、踢面高度、踏面宽度、梯段类型、平台类型） ● 能根据图纸绘制楼梯并调整位置 ● 能编辑栏杆扶手的属性（位置、高度、材质、类型、连接方式）	6. 创建楼梯、栏杆扶手相关知识要求 ● 说出示例工程中包含的楼梯、栏杆扶手的位置、高度、边界 ● 描述楼梯、栏杆扶手的绘制规则	
4. BIM给排水模型的创建	1. 创建给排水管道 ● 能编辑给排水管道的属性（材质、命名等） ● 能正确添加给排水管道	1. 创建给排水管道相关知识要求 ● 说出给排水常用管道及管件材质 ● 描述给排水管道及管件的创建步骤	6
	2. 创建给排水附件及设备 ● 能编辑给排水附件及设备的属性 ● 能正确添加给排水附件及设备，并与给排水管道连接	2. 创建给排水附件及设备相关知识要求 ● 说出给排水常用附件及设备 ● 描述给排水附件的创建及编辑方法 ● 描述给排水设备的创建及编辑方法	
5. BIM消防工程模型的创建	1. 创建消防给水管道 ● 能编辑消防给水管道的属性（材质、命名等） ● 能正确添加消防给水管道	1. 创建消防给水管道相关知识要求 ● 说出消防给水常用管道及管件材质 ● 描述消防给水管道及管件的创建步骤	6
	2. 创建消防喷头及管道 ● 能编辑消防喷头的属性 ● 能正确添加消防喷头，并与消防管道连接	2. 创建消防喷头及管道相关知识要求 ● 说出消防喷头的主要类型 ● 描述消防喷头的创建及编辑方法 ● 描述消防喷头与消防管道连接的方法	

（续表）

学习任务	技能与学习要求	知识与学习要求	参考学时
5. BIM 消防工程模型的创建	3. 创建消防设备及附件 ● 能编辑消防设备及附件的属性 ● 能正确添加消防设备，并与消防管道连接	3. 创建消防设备及附件相关知识要求 ● 说出消防系统主要设备及附件 ● 描述消防设备（消防栓等）及附件的创建及编辑方法 ● 描述消防设备及附件与消防管道连接的方法	
6. BIM 暖通空调模型的创建	1. 创建通风与空调风管 ● 能编辑通风与空调风管的属性（材质、标高等） ● 能正确添加通风与空调风管	1. 创建通风与空调风管相关知识要求 ● 说出通风与空调常用风管及管件材质 ● 描述通风与空调风管的创建步骤	10
	2. 创建风管附件及设备 ● 能编辑风管附件及设备的属性 ● 能正确添加风管附件及设备，并与风管连接	2. 创建风管附件及设备相关知识要求 ● 说出风管常用附件及设备 ● 描述风管附件及设备的创建及编辑方法 ● 描述风管附件及设备与风管连接的方法	
	3. 创建空调冷媒管 ● 能编辑空调冷媒管的属性（材质等） ● 能正确添加空调冷媒管，并与空调室内外机连接	3. 创建空调冷媒管相关知识要求 ● 说出常用空调冷媒管材质 ● 描述空调冷媒管的创建步骤 ● 描述空调冷媒管与空调室内外机连接的方法	
	4. 创建空调水管 ● 能编辑空调水管的属性（类型、材质、标高等） ● 能正确添加空调水管，并与空调设备连接	4. 创建空调水管相关知识要求 ● 说出常用空调水管类型与材质 ● 描述空调水管的创建步骤 ● 描述空调水管与空调设备连接的方法	
7. BIM 电气、弱电模型的创建	1. 创建电气桥架 ● 能编辑电气桥架的属性（类型、材质、标高等） ● 能正确添加电气桥架	1. 创建电气桥架相关知识要求 ● 说出常用电气桥架材质 ● 描述电气桥架的创建步骤	12
	2. 创建电气线管 ● 能编辑电气线管的属性（类型、材质等） ● 能正确添加电气线管	2. 创建电气线管相关知识要求 ● 说出常用电气线管材质 ● 描述电气线管的创建步骤	

学习任务	技能与学习要求	知识与学习要求	参考学时
7. BIM 电气、弱电模型的创建	3. 创建照明设备构件 ● 能编辑照明设备构件的属性（类型、命名等） ● 能正确添加照明设备构件，并与电线连接	3. 创建照明设备构件相关知识要求 ● 说出常用照明设备 ● 描述照明设备构件的创建步骤	
	4. 创建消防报警设备构件 ● 能编辑消防报警设备构件的属性 ● 能正确添加消防报警设备构件	4. 创建消防报警设备构件相关知识要求 ● 说出常用消防报警设备 ● 描述消防报警设备构件的创建步骤	
	5. 创建弱电设备构件 ● 能编辑弱电设备构件的属性（类型、命名等） ● 能正确添加弱电设备构件	5. 创建弱电设备构件相关知识要求 ● 说出常用弱电设备 ● 描述弱电设备构件的创建步骤	
8. BIM 管线综合深化设计	1. 实施 BIM 管线综合深化设计 ● 能根据 BIM 管线综合深化设计的一般原则综合排布管道 ● 能调整管道系统布局和构件尺寸	1. BIM 管线综合深化设计相关知识要求 ● 说出 BIM 管线综合深化设计的一般原则 ● 描述 BIM 管线综合深化设计的方法	6
	2. 实施 BIM 管线碰撞检查 ● 能确定 BIM 管线碰撞检查的范围，并实施管线碰撞检查 ● 能根据碰撞检查结果进行优化 ● 能生成碰撞检查的 BIM 模型，并导出碰撞检查报告	2. BIM 管线碰撞检查相关知识要求 ● 说出 BIM 管线碰撞检查的基本步骤 ● 描述 BIM 管线碰撞检查的方法	
9. BIM 模型的成果输出	1. 标记、标注与注释的创建与编辑 ● 能整理示例工程所需的标记、标注与注释信息 ● 能选择并编辑标记、标注与注释 ● 能创建与运用注释族	1. 标记、标注与注释的创建方法 ● 简述标记、标注与注释的概念 ● 说出标记、标注与注释的分类 ● 描述标记、标注与注释的创建原则	10
	2. 明细表的创建与编辑 ● 能整理示例工程所需明细表的分类信息 ● 能根据图纸要求创建与编辑相应模型明细表 ● 能按要求输出模型明细表	2. 明细表的创建方法 ● 说出模型明细表的分类 ● 描述模型明细表的创建原则	

(续表)

学习任务	技能与学习要求	知识与学习要求	参考学时
9. BIM模型的成果输出	3. 管理图纸 ● 能识读项目要求,明确示例工程图纸管理的具体要求 ● 能根据相关国家标准,选择合适的图纸,并准确放置视图 ● 能按要求编写图框内容 ● 能导入与输出图纸	3. 图纸的管理方法 ● 说出图纸的创建方法 ● 描述视图的放置规则 ● 描述图框内容的编写原则 ● 描述图纸的输出格式与方法	
	4. 制作漫游动画 ● 能设置照明、背景、相机 ● 能创建渲染效果图 ● 能绘制漫游动画的路径,并制作漫游动画视频	4. 视图渲染与漫游动画的制作方法 ● 简述照明、背景、相机的设置方法 ● 简述漫游动画的制作方法与步骤	
	5. 管理模型文件与交互数据 ● 能管理模型文件 ● 能交互同一平台内部的数据 ● 能合并各专业模型 ● 能导入与导出模型文件数据	5. 模型文件管理与数据交互方法 ● 说出模型文件的管理方法 ● 简述数据交互的基本原则 ● 说出BIM各大平台模型导入与导出的文件格式	
总学时			72

五、 实施建议

(一) 教材编写与选用建议

1. 应依据本课程标准编写教材或选用教材,从国家和市级教育行政部门发布的教材目录中选用教材,优先选用国家和市级规划教材。

2. 教材要充分体现育人功能,紧密结合教材内容、素材,有机融入课程思政要求,将课程思政内容与专业知识、技能有机统一。

3. 树立以学生为中心的教材观,在设计教材结构和组织教材内容时应遵循中职学生认知特点与学习规律。

4. 以学习任务为主线,融入本专业相关工作岗位对建筑信息模型BIM知识、职业能力和职业素养的要求,基于"必需、够用"原则确定教学内容,根据完成学习任务的需要组织教材内容,加强对BIM软件操作的技能训练,使学生在各种学习及专业实践中提高建筑三维建模的速度和准确率。

5. 教材编写应突出实用性,避免把职业能力简单理解为纯粹的技能操作,同时要具有前瞻性和实战性。在整体设计和内容选取时,要注意把本专业领域的发展趋势及实际业务操作中的新知识、新技术和新方法及时纳入其中。

6. 教材要贴近学生生活,贴近职场,采用生动活泼的、学生乐于接受的语言、图表等去呈现内容,让学生在使用教材时有亲切感、真实感。

7. 教材的活动设计要具有可操作性,既结合专业,又具有新意。

(二)教学实施建议

1. 切实推进课程思政建设,寓价值观引导于知识传授和能力培养之中,帮助学生塑造正确的世界观、人生观、价值观。要深入梳理教学内容,结合课程特点,深入挖掘课程思政元素,有机融入课程教学,达到润物无声的育人效果。

2. 应加强对学生实际 BIM 软件应用能力的培养,采用项目教学,以任务引领诱发学生兴趣,使学生具备对建筑施工图进行准确三维建模的基本能力。

3. 教师应坚持以学生为中心的教学理念,充分尊重学生,遵循学生认知特点与学习规律。以学为中心设计和组织教学活动,注重"教"与"学"的互动。通过选用典型活动项目,组织学生进行活动,让学生在不断练习中逐步达成目标,树立苦练绘图基本功的意识,掌握本课程的实践能力。

4. 教师应注重情景式教学,以不同的形式或生动的表述,让学生在愉快轻松的学习环境中提高建模水准,培养空间想象能力和实际操作能力。

5. 要强化职业技能训练,因材施教,注重实践,做学合一。

(三)教学评价建议

1. 要以本课程标准为依据,开展基于标准的教学评价。

2. 以评促教、以评促学,通过课堂教学及时评价,不断改进教学方法与手段。

3. 要重视并加强对职业素养的评价,以评价促进学生职业素养的形成。本课程重点关注学生正确、规范制图的能力以及认真严谨、细心耐心、专业沟通的表现。建议结合本课程具体内容编制职业素养评价指标与量表,把相关职业素养要求细化为过程性评价指标,形成可记录、可测量的评价量表,及时评价学生在课堂学习与实践操作中的职业素养。

4. 突出过程性评价,结合课堂提问、课堂建模训练、课后作业、模块考核等手段,加强实践性教学环节的考核,注重平时成绩记录;注重对学生分析问题、解决问题能力的考核,对在学习和灵活运用上有突出表现的学生应给予鼓励。

(四)资源利用建议

1. 利用现代信息技术开发多媒体教学课件等多媒体资源,搭建多维、动态的课程训练平台,充分调动学生的主动性、积极性和创造性。同时联合各校开发多媒体教学资源,努力实现跨校教学资源的共享。

2. 注重建筑建模软件的开发和利用,如模拟练习、模块考试等,引导学生积极主动地完成本课程的学习任务,为提高建筑工程建模的职业能力提供有效途径。

3. 搭建产学合作平台,充分利用本行业的企业资源,满足学生参观、实训和毕业实习的需要,并在合作中关注学生职业能力的发展和教学内容的调整。

4. 利用实训中心,使教学与实训合二为一,满足学生综合职业能力培养的要求。

5. 应配备现行国家标准,如《房屋建筑制图统一标准》《建筑给水排水制图标准》《暖通空调制图标准》等资料,同时配备成套典型建筑施工图、建筑设备施工图、建筑电气施工图、施工说明等资料。

计算机网络与通信课程标准

课程名称

计算机网络与通信

适用专业

中等职业学校建筑智能化设备安装与运维专业

一、 课程性质

本课程是中等职业学校建筑智能化设备安装与运维专业的一门专业基础课程,也是一门专业必修课程。其功能是使学生掌握计算机网络规划、组建、应用和管理的相关知识和技能,具备组建与配置计算机网络与通信的基本职业能力,可为后续其他专业课程的学习奠定基础。

二、 设计思路

本课程遵循任务引领、做学合一的原则,根据中职建筑智能化设备安装与运维专业工作任务与职业能力分析结果,以计算机网络与通信相关工作任务与职业能力为依据而设置。

课程内容紧紧围绕智能楼宇管理从业人员所需职业能力培养的需要,充分考虑本专业学生的认知能力,遵循适度够用的原则,确定相关理论知识、专业技能与要求,并融入智能楼宇管理员职业技能等级证书(四级)的相关考核要求。

课程内容组织按照学生的认知规律,以计算机网络与通信技术的典型工作任务为主线,由易到难,循序渐进,设有计算机网络基础及规划、计算机操作系统安装与网络配置、常用网络服务配置、网络故障排除、网络安全策略配置 5 个学习任务,以任务为引领,通过学习任务整合相关知识、技能与职业素养。

本课程建议学时数为 72 学时。

三、 课程目标

通过本课程的学习,学生具备计算机网络与通信技术的原理、计算机软硬件和网络连接等相关知识,能掌握计算机操作系统安装与网络配置、常用网络服务安装与配置、网络连接与配置、网络资源分配和管理、常见单机和网络故障排除以及网络安全防护等操作技能,达到智能楼宇管理员职业技能等级证书(四级)的相关考核要求,具体达成以下职业素养和职业能力目标。

(一)职业素养目标

- 养成认真负责、严谨细致、静心专注、精益求精的职业态度。
- 自觉遵守计算机网络与信息安全相关法律法规,不泄露企业和他人信息。
- 增强规则意识和安全意识,严格执行计算机网络组建和管理的操作规程,养成规范、安全、文明操作的习惯。
- 具有良好的服务意识和服务态度,乐于听取顾客与用户意见,服务周到,忠于职守。
- 积极向上,乐于进取,敢于创新,不断关注行业新技术,在学习过程中勇于提出新建议。
- 具有良好的团队合作意识,服从团队分工,乐于倾听同伴意见和建议,主动协助同伴完成学习任务。

(二)职业能力目标

- 能熟练安装计算机操作系统和配置桌面。
- 能熟练安装和使用常用软件。
- 能熟练进行网络连接与配置。
- 能熟练分配和管理网络资源。
- 能识别并排除常见单机和网络故障。
- 能进行简单网络安全防护的配置。

四、课程内容与要求

学习任务	技能与学习水平	知识与学习水平	参考学时
1. 计算机网络基础及规划	1. 规划和设置网络参数 ● 能使用系统工具正确设置计算机操作系统的网络参数 ● 能根据需求正确规划计算机网络的结构 ● 能根据需求正确绘制网络拓扑结构图 ● 能根据建筑物布线工程图	1. 计算机网络的概念与组成 ● 说出计算机网络的概念 ● 说出计算机网络的组成 2. 计算机网络的功能 ● 列举计算机网络的主要功能 ● 列举计算机网络的应用实例 3. 计算机网络的结构 ● 列举常见的网络拓扑结构 ● 列举各种网络拓扑结构的优点和缺点	10

(续表)

学习任务	技能与学习水平	知识与学习水平	参考学时
1. 计算机网络基础及规划	纸正确辨别网络使用的系统 2. 安装网络适配器 ● 能根据说明书正确安装网络适配器 ● 能正确安装网络适配器驱动程序 3. 组建对等网络 ● 能根据需求选用合适的网络连接设备 ● 能根据需求设置网络设备参数 ● 能根据需求搭建有线局域网 ● 能根据需求搭建无线局域网	4. 计算机网络的分类 ● 列举计算机网络的分类标准 ● 说出广域网、城域网和局域网的主要区别 5. 无线网络的概念、标准及频段、信道 ● 了解无线局域网、无线传感网的定义 ● 列举无线局域网、无线传感网的标准及常用频段和信道 6. 网络适配器的功能与类型 ● 说出网络适配器的功能 ● 列举网络适配器的类型 7. 网络适配器的工作方式 ● 简述网络适配器的工作方式 8. 常见网络连接设备的名称与特点 ● 列举常见的网络连接设备 ● 简述常见网络连接设备的特点和应用场景 9. 常见网络连接设备的配置方法 ● 简述路由器的特点和应用场景 ● 简述交换机、路由器的常用参数与含义	
2. 计算机操作系统安装与网络配置	1. 安装计算机操作系统 ● 能正确设置计算机硬件参数等 ● 能对硬盘进行分区和格式化操作 ● 能安装计算机操作系统 ● 能安装计算机硬件驱动程序 2. 更新和配置计算机操作系统 ● 能正确配置计算机操作系统的自动更新功能 ● 能正确选择并下载计算机操作系统补丁程序 ● 能正确安装计算机操作系统补丁 3. 使用和配置计算机操作系统 ● 能利用系统工具设置系统桌面参数	1. 基本输入输出系统的相关知识 ● 说出基本输入输出系统的作用 ● 举例说明基本输入输出系统中常见参数的设置方法 2. 文件系统的类型 ● 列举文件系统的类型 3. 分区的特点及操作方法 ● 简述计算机操作系统分区的特点 ● 简述计算机操作系统的分区步骤 4. 硬盘分区和格式化的概念 ● 简述硬盘分区和格式化操作的区别 5. 计算机操作系统的安装方法 ● 阐述计算机操作系统的安装步骤 ● 简述计算机操作系统的安装注意事项 6. 计算机硬件驱动程序的安装方法 ● 说出计算机硬件驱动程序的作用 ● 简述计算机硬件驱动程序的安装步骤	24

（续表）

学习任务	技能与学习水平	知识与学习水平	参考学时
2. 计算机操作系统安装与网络配置	● 能利用系统工具创建与管理用户和用户组 ● 能利用系统工具功能增减系统功能 ● 能打开/关闭相应系统功能 ● 能启用/关闭系统防火墙 ● 能使用计划任务辅助完成周期性工作 4. 设置及检测计算机网络参数 ● 能根据需求正确配置网络 DNS 服务 ● 能根据需求正确配置 IP 地址、子网掩码及默认网关 ● 能根据需求正确划分子网 ● 能根据需求正确配置工作组/域名信息 ● 能使用系统命令或应用软件查看网络配置信息 ● 能使用系统命令或应用软件测试网络连通性 ● 能使用系统命令显示网络状态和连接情况 ● 能使用系统命令或应用软件测试域名解析服务 ● 能使用系统命令操作网络路由表	7. 计算机操作系统补丁程序的相关知识 ● 说出计算机操作系统补丁程序的作用 ● 简述获取计算机操作系统补丁程序的方法和途径 8. 计算机操作系统桌面参数的概念 ● 了解计算机操作系统桌面参数（分辨率、刷新率等）的含义 9. 计算机操作系统中用户和用户组的概念 ● 列举计算机操作系统中用户和用户组的类型 ● 简述计算机操作系统中用户和用户组的作用 10. 计算机操作系统中用户和用户组的设置方法 ● 说出计算机操作系统中用户和用户组的设置方法 11. 计算机操作系统中常用服务的名称 ● 列举计算机操作系统中常用的服务 12. 计算机操作系统中防火墙的设置方法 ● 简述计算机操作系统中防火墙的功能 ● 简述计算机操作系统的访问机制和权限管理 13. 计算机操作系统的安全措施 ● 列举增强密码安全性的具体措施 14. 计算机操作系统中计划任务的设置方法 ● 了解计算机操作系统中计划任务的作用 15. 对等网的组建方法 ● 了解对等网的概念 ● 阐述组建对等网络连接的具体步骤 16. 网络协议的概念 ● 简述网络协议的定义和作用 17. TCP/IP 协议参考模型的结构 ● 简述 TCP/IP 协议参考模型的各层功能 ● 简述 IP 协议在数据传输中的作用 18. TCP/IP 协议的数据传输方法 ● 理解数据封装与解封装的方法与过程	

学习任务	技能与学习水平	知识与学习水平	参考学时
2. 计算机操作系统安装与网络配置		19. IP 地址的概念和功能 ● 了解 IP 地址的概念 ● 简述 IP 地址在网络中的作用 20. IP 地址的分类 ● 举例说明 IP 地址的组成和分类 ● 简述私有 IP 地址和公有 IP 地址的区别 21. IP 地址的规划方法 ● 简述子网掩码的作用 ● 说出 IP 地址的规划方法 22. 系统中常用的网络命令 ● 列举系统中常用的网络命令 ● 简述系统中常用网络命令的使用方法与参数含义	
3. 常用网络服务配置	1. 配置网络服务 ● 能正确配置网络共享文件夹 ● 能使用系统工具访问共享文件夹，并进行读写操作 ● 能正确映射网络驱动器 ● 能通过网络映射驱动器访问共享资源 ● 能正确配置网络硬件共享 ● 能在客户端上远程连接共享打印机 ● 能正确配置 FTP 服务 ● 能正确开启 HTTP 服务 2. 分配和管理网络资源 ● 能创建并管理系统中的用户账户和用户组账户 ● 能合理规划用户的访问权限 ● 能根据系统实际需求分配和配置用户及用户组的权限	1. 资源共享的原理 ● 说出资源共享的原理 2. 用户文件共享权限的设置方法 ● 简述计算机操作系统账户的含义和作用 ● 举例说明文件和文件夹的权限范围 3. 常用网络服务的相关知识 ● 了解 FTP 服务的含义和作用 ● 了解 Samba 服务的功能和作用 ● 了解 DNS 服务的功能 ● 说出 HTTP 服务的特点 4. 网络驱动器映射的概念 ● 说出网络驱动映射的概念和功能 ● 简述设置共享文件夹和网络映射驱动器的具体步骤和操作注意事项 5. 打印机共享的操作方法 ● 列举打印机共享的方式 ● 简述设置共享打印机的具体步骤 6. 用户权限的概念 ● 举例说明基本的用户权限 ● 简述用户权限分配的基本原则	20

（续表）

学习任务	技能与学习水平	知识与学习水平	参考学时
4. 网络故障排除	1. 排除常见计算机单机故障 ● 能按照计算机故障检修操作流程，正确分析计算机单机故障的类型 ● 能使用相关工具正确处理计算机单机故障 2. 排除常见计算机联机网络故障 ● 能根据故障现象，分析系统网络故障的类型及原因 ● 能根据故障原因，使用相关工具排除网络故障	1. 计算机单机故障现象 ● 列举常见的计算机单机故障现象 2. 计算机单机故障的处理流程 ● 简述计算机单机故障排除的一般原则 3. 计算机单机故障的排除方法 ● 简述常见的硬件故障现象及排除方法 ● 简述常见的软件故障现象及排除方法 4. 常见的计算机网络故障现象 ● 列举常见的计算机网络故障现象 5. 常见的计算机网络故障原因分析及排除方法 ● 举例说明常见的计算机网络故障原因 ● 简述计算机网络故障排除的过程和方法	10
5. 网络安全策略配置	1. 配置系统防火墙基本功能 ● 能使用相关工具查看防火墙的规则策略 ● 能正确配置系统防火墙端口状态 2. 配置系统防火墙高级功能 ● 能根据需求正确配置防火墙规则 ● 能正确启用/禁用防火墙规则 3. 配置系统安全策略 ● 能通过系统安全策略配置密码策略 ● 能通过系统安全策略配置账户策略 4. 系统漏洞的检测与安全防护 ● 能设置系统自动更新 ● 能使用漏洞扫描工具扫描系统或网络安全漏洞 ● 能安装、配置与升级安全软件	1. 系统防火墙的概念与原理 ● 了解防火墙的概念与工作原理 ● 简述基于主机状态检测的防火墙的技术概念与特点 2. 系统防火墙的配置方法 ● 举例说明防火墙程序例外访问 ● 举例说明防火墙出站规则和入站规则 3. TCP/IP 协议的相关概念 ● 列举 TCP/IP 协议端口功能 ● 说出常见应用服务使用的协议与默认端口 4. 系统安全策略的概念 ● 说出系统安全策略的作用 ● 简述常见的系统安全策略配置方法 5. 系统安全策略的配置方法 ● 简述通过系统安全策略配置密码策略的方法 ● 简述通过系统安全策略配置账户策略的方法 6. 漏洞的概念与特征 ● 简述漏洞的定义与特征 ● 举例说明常见的安全漏洞与危害性 7. 漏洞扫描工具的使用方法 ● 简述漏洞扫描工具的作用 ● 举例说明使用常见漏洞扫描工具扫描系统漏洞的过程	8
总学时			72

五、 实施建议

(一) 教材编写与选用建议

1. 应依据本课程标准编写教材或选用教材,从国家和市级教育行政部门发布的教材目录中选用教材,优先选用国家和市级规划教材。

2. 教材要充分体现育人功能,紧密结合教材内容、素材,有机融入课程思政要求,将课程思政内容与专业知识、技能有机统一。

3. 树立以学生为中心的教材观,在设计教材结构和组织教材内容时应遵循中职学生认知特点与学习规律。

4. 教材编写应以职业能力为逻辑线索,按照职业能力培养由易到难、由简单到复杂、由单一到综合的规律,确定教材各部分的目标、内容,并进行相应的任务、活动设计等,从而建立起一个结构清晰、层次分明的教材内容体系。

5. 教材在整体设计和内容选取时,要注重引入行业发展的新业态、新知识、新技术、新工艺、新方法,对接相应的职业标准和岗位要求,吸收先进产业文化和优秀企业文化。创设或引入职业情境,增强教材的职场感。

6. 教材要贴近学生生活,贴近职场,采用生动活泼的、学生乐于接受的语言、图表等去呈现内容,让学生在使用教材时有亲切感、真实感。

(二) 教学实施建议

1. 切实推进课程思政建设,寓价值观引导于知识传授和能力培养之中,帮助学生塑造正确的世界观、人生观、价值观。要深入梳理教学内容,结合课程特点,深入挖掘课程思政元素,有机融入课程教学,达到润物无声的育人效果。

2. 教学要充分体现"实践导向、任务引领、理实一体、做学合一"的职教课改理念,紧密联系企业生产生活实际,以企业典型任务为载体,加强理论教学与实践教学的结合,充分利用各种实训场所与设备,促进教与学方式的转变。

3. 教师应坚持以学生为中心的教学理念,充分尊重学生,遵循学生认知特点与学习规律,努力成为学生学习的组织者、指导者和同伴。

4. 采取灵活多样的教学方式,充分调动学生学习的积极性、能动性,积极探索自主学习、合作学习、探究式学习、问题导向式学习、体验式学习、混合式学习等体现教学新理念的教学方式。

5. 有效利用现代信息技术,改进教学方法与手段,提升教学效果。

(三) 教学评价建议

1. 要以本课程标准为依据,开展基于标准的教学评价。

2. 以评促教、以评促学,通过课堂教学及时评价,不断改进教学方法与手段。

3. 教学评价始终坚持德技并重的原则,构建德技融合的专业课教学评价体系,把德育和职业素养的评价内容与要求细化为具体的评价指标,有机融入专业知识与技能的评价指标体系,形成可观察、可测量的评价量表,综合评价学生学习情况。通过有效评价,在日常教学中不断促进学生思想品德和职业素养的形成。

4. 注重日常教学中对学生学习过程的评价。充分利用多种过程性评价工具,如评价表、记录袋等,积累过程性评价数据,形成过程性评价与终结性评价相结合的评价模式。

(四)资源利用建议

1. 建议选用国标参考教材和辅助教学资料,开发适用于教学的多媒体教学资源库和多媒体教学课件。

2. 教学实施过程中紧密结合多媒体教学手段,突出教学重点,突破教学难点。注重挂图、幻灯片、投影仪、教学仪器、多媒体课件、多媒体仿真软件等常用课程资源和现代化教学资源的开发和利用,有效创设形象生动的工作情境,激发学生的学习兴趣,促进学生对知识的理解和应用。

3. 建议加强课程资源的开发,建立跨校的实训多媒体课程资源数据库,努力实现跨校多媒体资源的共享,以提高课程资源利用效率。引导学生善用丰富的在线资源,自主学习计算机网络各项配置相关指导视频。充分利用合作办学的企业资源,为学生提供阶段实训,让学生在真实的环境中磨炼自己,提升职业综合素质。

4. 为保证理论与实际操作相结合,并顺利实施项目化教学,机房需配备相应网络软件。

综合布线系统安装与调试课程标准

课程名称

综合布线系统安装与调试

适用专业

中等职业学校建筑智能化设备安装与运维专业

一、 课程性质

本课程是中等职业学校建筑智能化设备安装与运维专业的一门专业基础课程,也是一门专业必修课程。其功能是使学生掌握综合布线系统各环节的相关知识和基本操作技能。本课程是计算机网络与通信课程的后续课程,可为后续其他专业课程的学习奠定基础。

二、 设计思路

本课程遵循任务引领、理实一体的原则,根据中职建筑智能化设备安装与运维专业工作任务与职业能力分析结果,以综合布线系统相关工作任务与职业能力为依据而设置。

课程内容紧紧围绕综合布线系统安装与调试所需职业能力培养的需要,选取了综合布线工程图纸识读与绘制、网线制作、节点模块制作、机柜安装、线缆敷设等内容,遵循适度够用的原则,确定相关理论知识、专业技能与要求,并融入智能楼宇管理员职业技能等级证书(四级)的相关考核要求。

课程内容组织以综合布线系统安装、测试与验收的工作流程为线索,设有综合布线系统认识、布线图识读与绘制、网线制作、节点模块制作、机柜安装、线缆敷设、综合布线工程测试与验收 7 个学习任务,以任务为引领,通过学习任务整合相关知识、技能与职业素养。

本课程建议学时数为 72 学时。

三、 课程目标

通过本课程的学习,学生能了解综合布线系统的基础知识,掌握综合布线系统安装、测试与验收的基本技能,进行综合布线系统图识读与绘制、网线制作、节点模块制作、机柜安装、线缆敷设、综合布线工程测试与验收等相关技术操作,达到智能楼宇管理员职业技能等级证书(四级)的相关考核要求,具体达成以下职业素养和职业能力目标。

（一）职业素养目标

● 养成认真负责、严谨细致、静心专注、精益求精的职业态度。

● 严格遵守综合布线施工的操作规范,养成良好的安全操作习惯,利用现有的工具、方法和技术,创造性地完成各种复杂的任务,满足用户各种需求。

● 具有良好的团队合作意识,服从团队分工,主动协助同伴完成学习任务。

● 养成不怕累、不怕苦、不怕脏的职业精神。

（二）职业能力目标

● 能识别综合布线系统。

● 能搜索、查找综合布线系统国家标准等资料。

● 能识读与绘制综合布线施工图等相关工程图纸。

● 能编制信息点数统计表和设备端口编号表。

● 能熟练制作五类、六类跳线。

● 能熟练端接信息模块、大对数电缆。

● 能熟练敷设线缆。

● 能熟练安装机柜、配线架。

● 能测试布线链路,排除网络故障。

四、 课程内容与要求

学习任务	技能与学习要求	知识与学习要求	参考学时
1. 综合布线系统认识	1. 识别综合布线系统 ● 能辨识智能建筑的类型和功能 ● 能结合实际工程项目,分析综合布线的关键技术 2. 查找综合布线系统标准 ● 能正确使用综合布线系统标准 ● 能辨识综合布线系统各功能子系统	1. 综合布线建筑的类型 ● 简述综合布线建筑的类型与功能 2. 综合布线系统的概念与功能 ● 归纳综合布线系统的概念 ● 简述综合布线系统的功能 ● 简述综合布线系统和网络工程施工的区别和联系 3. 综合布线系统标准 ● 列举综合布线系统的国内外标准 ● 简述综合布线系统的施工规范和安全操作要求 4. 综合布线系统的组成 ● 简述工作区子系统的范围和常用设备、介质 ● 简述管理子系统的范围和常用设备、介质 ● 简述干线子系统的范围和常用设备、介质 ● 简述建筑群子系统的范围和常用设备、介质 ● 简述设备间位置及大小要求	4

学习任务	技能与学习要求	知识与学习要求	参考学时
2. 布线图识读与绘制	1. 识读与绘制综合布线系统图 ● 能根据国家标准正确识读建筑物平面图 ● 能识读综合布线系统拓扑图、施工平面图、信息点布局图 ● 能熟练使用计算机制图软件绘制综合布线系统图 ● 能用计算机制图软件绘制综合布线施工图	1. 综合布线系统图的绘制要求 ● 列举绘制综合布线系统图的软件 ● 简述综合布线系统的设计原则和步骤 ● 举例说明图中设备符号和标注的含义 2. 综合布线施工图的绘制要求 ● 说出综合布线施工图的图标含义 ● 说出综合布线的施工步骤 ● 说出综合布线信息点的位置要求	10
	2. 制定综合布线信息点数统计表和配线架端口编号表 ● 能设计并制作信息点数统计表 ● 能编制配线架和面板端口编号表	3. 信息点数统计表的制作方法 ● 列举信息点的类型 ● 说出信息点数统计表的设计方法 ● 说出信息点数的统计方法 4. 配线架端口编号表的制作要求 ● 说出端口编号表的作用 ● 说出端口编号表的组成要素	
	3. 编制工程材料预算表 ● 能根据施工项目需求，选择合适的工程材料 ● 能参考材料价格表编制工程材料预算表	5. 工程材料预算表编制相关知识 ● 列举综合布线产品 ● 说出综合布线产品的选择原则 ● 说出材料价格表和预算表的关系 ● 说出工程材料预算表的组成要素 ● 列举总预算组成要素之间的关系	
3. 网线制作	1. 制作标准网线 ● 能正确使用网线制作工具 ● 能根据国际标准制作标准网线 ● 能使用合适的工具进行网线的端接	1. 标准网线制作相关知识 ● 说出不同标准网线的应用场景 ● 简述常见标准网线的制作方法及线序 ● 说出不同网络传输介质与分类 ● 列举网线制作工具的名称和作用 ● 说出网线制作工具的使用规范	10
	2. 测试网线连通性 ● 能正确使用网线测试仪 ● 能使用网线测线仪进行网线连通性的简单测试	2. 网线测试方法 ● 说出网线测试仪的使用方法 ● 简述网线连通性的测试方法	

（续表）

学习任务	技能与学习要求	知识与学习要求	参考学时
3. 网线制作	3. 光纤的识别和连接 ● 能识别光纤和光缆 ● 能识别光纤的类型 ● 能使用光纤连接器进行光纤的冷接 ● 能使用光纤熔接机进行光纤的热熔	3. 光纤相关知识 ● 说出光纤的结构 ● 列举光纤的类型 ● 光纤端接的步骤 ● 列举制作光纤连接线的工具 ● 说出光纤冷接的步骤 ● 说出光纤热熔的步骤	
4. 节点模块制作	1. 安装配线架 ● 能正确安装网络配线架和理线器 ● 能正确安装语音配线架 ● 能进行网络配线架的端接 ● 能进行语音配线架的端接 2. 安装信息插座 ● 能制作五类信息模块 ● 能制作六类 UTP 屏蔽模块 ● 能进行六类 F/UTP 双绞线的模块端接 ● 能制作语音模块 ● 能制作免打线信息模块 ● 能安装各类信息插座、底盒及面板 ● 能转换数据点/语音点	1. 配线架结构和分类相关知识 ● 说出网络配线架的结构 ● 列举网络配线架的类型 ● 列举配线架所需的施工工具 ● 列举配线架的配件产品 2. 信息模块安装相关知识 ● 列举制作模块的常用工具 ● 简述五类、六类信息模块制作的基本步骤 ● 说出语音模块的安装要求 ● 说出信息模块和语音模块的功能 ● 简述语音模块制作的基本步骤 ● 说出免打线信息模块的安装要求 ● 记住免打线信息模块制作的基本步骤 ● 说出信息插座的安装要求 ● 说出信息插座的安装方法 ● 列举数据配线架和语音配线架的区别 ● 说出数据点/语音点的转换方法	10
5. 机柜安装	1. 组装机柜 ● 能识别各种机柜 ● 能正确使用工具装配机柜 ● 能进行配线架与设备的连接 ● 能调试机柜	1. 机柜安装相关知识 ● 列举机柜的类型 ● 说出机柜的用途 ● 说出机柜的常规指标 ● 简述机柜的安装与调试过程	8

学习任务	技能与学习要求	知识与学习要求	参考学时
5. 机柜安装	2. 搭建链路 ● 能画出基本链路模型、通道链路模型和永久链路模型的示意图 ● 能搭建综合布线施工的各种链路	2. 链路模型相关知识 ● 列举链路模型的类型 ● 说出基本链路模型、通道链路模型和永久链路模型的定义 ● 解释各种链路方式	
6. 线缆敷设	1. PVC 管槽弯管操作 ● 能利用连接件进行 PVC 管槽转向 ● 能使用工具制作 PVC 线管的弯头和 PVC 线槽的弯曲角	1. PVC 线管产品的规格和安装方法 ● 列举 PVC 线管产品的规格 ● 说出 PVC 线管连接件的名称 ● 说出 PVC 线管的安装方法 2. PVC 线槽产品的规格和安装方法 ● 列举 PVC 线槽产品的规格 ● 说出 PVC 线槽连接件的名称 ● 说出 PVC 线槽的安装方法 3. PVC 线管的弯折技术 ● 说出 PVC 弯管工具的名称 ● 简述弯折 PVC 管的操作步骤 4. PVC 线槽弯曲角制作相关知识 ● 说出 PVC 线槽折角工具的使用方法 ● 简述 PVC 线槽弯曲角的制作过程	18
	2. 敷设线缆 ● 能根据实际情况，选择合适的线缆类型和路由走线方式 ● 能进行线缆敷设所需材料的预算 ● 能正确使用线缆敷设所需的施工工具 ● 能进行水平子系统的线缆敷设 ● 能进行垂直子系统的线缆敷设	5. 线缆敷设的标准与要求 ● 列举线缆敷设的国内外标准 ● 举例说明水平子系统、干线子系统、建筑群子系统等线缆的保护要求 6. 线缆敷设的施工过程与方法 ● 简述牵引线缆的施工过程 ● 简述线槽内线缆敷设的操作步骤 ● 简述不同类型线缆的施工方法	

（续表）

学习任务	技能与学习要求	知识与学习要求	参考学时
6. 线缆敷设	3. 敷设 PVC 管槽 ● 能进行明装线槽敷设和暗埋线管敷设 ● 能进行综合布线各子系统的施工	7. PVC 管槽敷设相关知识 ● 列举综合布线工程中遇到的底盒分类和适用场合 ● 说出明装、暗埋 PVC 管线链路的施工流程	
7. 综合布线工程测试与验收	1. 实施仿真测试 ● 能使用仿真认证测试仪 ● 能使用仿真认证测试仪测试连接器和线缆的连接兼容性、NEXT、衰减、延迟偏离、ACR 等指标	1. 工程检测标准相关知识 ● 简述工程检测标准的分类 ● 简述工程检测的电气参数 2. 仿真认证测试仪的功能 ● 说出仿真认证测试仪的主要功能	12
	2. 实施标准测试 ● 能使用市场主流品牌电缆测试适配器 ● 能使用市场主流品牌电缆测试适配器检验电缆性能	3. 市场主流品牌电缆测试适配器相关知识 ● 列举市场主流品牌电缆测试适配器检验电缆性能的指标和含义	
	3. 实施竣工测试 ● 能使用市场主流品牌认证测试仪 ● 能使用市场主流品牌认证测试仪对布线工程进行整体竣工测试	4. 网络认证测试仪相关知识 ● 说出市场主流品牌认证测试仪的主要功能和作用 ● 说出市场主流品牌认证测试仪电缆、跳线测试模块的功能和作用 5. 工程测试的分类与结果 ● 说出验证测试和认证测试的区别 ● 列举竣工测试的结果	
	4. 生成测试报告 ● 能导入测试仪中的测试数据,并查看数据情况 ● 能使用相关管理软件测试数据 ● 能根据测试结果生成测试报告	6. 测试报告 ● 列举常用的电缆测试管理软件 ● 说出测试报告的主要内容	

学习任务	技能与学习要求	知识与学习要求	参考学时
7. 综合布线工程测试与验收	5. 分析和排除网络线路常见故障 ● 能测试连接线和传输模块 ● 能根据测试结果分析常见故障原因 ● 能根据分析结果排除常见故障	7. 网络线路常见故障的分析方法 ● 列举网络线路常见故障现象 ● 简述网络线路常见故障的分析方法	
	6. 验收综合布线系统 ● 能根据工程的设计要求和施工规范进行现场验收 ● 能编制系统工程竣工文档	8. 综合布线系统验收相关知识 ● 简述综合布线系统验收的依据和原则 ● 说出综合布线系统验收的流程 ● 说出综合布线系统验收的分类 ● 说出系统工程竣工验收的基本流程 9. 综合布线系统验收的工程竣工文档 ● 说出工程竣工文档的内容和要求	
	总学时		72

五、 实施建议

（一）教材编写与选用建议

1. 应依据本课程标准编写教材或选用教材，从国家和市级教育行政部门发布的教材目录中选用教材，优先选用国家和市级规划教材。

2. 教材编写应吸收行业专家对综合布线主要工作任务及相应职业能力要求的见解，体现基础性、操作性和开拓性相统一的课程思想，学以致用，激发学生对课程的兴趣，鼓励学生开展创造性思维活动。同时要为教师留出根据实际教学情况进行调整和创新的空间。

3. 教材内容应凸显实践性、应用性和层次性的特征，不求体系的完整性，强调与岗位业务相吻合，使学生易学、易懂、易接受。同时要具有一定的前瞻性，应纳入本专业领域的发展趋势及综合布线的新知识、新技术和新方法。

4. 教材提倡图文并茂，增加直观性，配备了电子教案、多媒体教学课件和多媒体素材库等，以激发初学者的学习兴趣，提高学习的持续性。

5. 教材中相关专业技术的英文专有名词应提供正确的中文注释。

（二）教学实施建议

1. 应加强对学生实际操作能力的培养,采用任务引领、项目教学的方法,精讲多练、做学合一,提高学生的学习兴趣,激发学生的成就感。

2. 运用多媒体教学手段直观演示教学内容,同时通过组织实验实训把学生引向实践。通过组织小课题,拓宽思维空间,激发成就动机,使学生主动地学习。运用小组学习、讨论、交流经验等方式深化学习内容。

3. 要注重技能训练与重点环节的教学设计。每次活动应使学生上一个台阶,技能训练既要有连续性又要有层次性。

4. 在教学过程中,要重视本专业领域新技术、新工艺、新设备发展趋势。为学生提供职业生涯发展的空间,努力培养学生参与社会实践的创新精神和职业能力。

5. 教师应指导学生安全规范操作,提升工程素养,内化职业道德。

（三）教学评价建议

1. 本课程的考核内容主要包括理论知识模块、职业素养模块与操作技能模块。理论知识模块主要采用笔试。职业素养模块主要采用过程性评价,客观记录学生遵章守纪、学习态度、规范意识、安全与环保意识、合作意识等。操作技能模块采用现场考核,评价学生综合布线系统安装与调试的相关操作技能。

2. 关注评价的多元化,结合课堂提问、学生作业、平时测验、实验实训、技能竞赛及考试情况,注重对学生动手能力和在实践中分析问题、解决问题能力的考核,综合评定学生成绩。本课程的学生学习成绩建议按理论知识模块 20%、职业素养模块 15%、操作技能模块 65% 综合评定。总分达 60 分及以上者为合格。

3. 要重视并加强对职业素养的评价,以评价促进学生职业素养的形成。本课程重点关注学生的动手能力、应变能力以及认真负责、严谨细致、静心专注、精益求精的职业态度。硬件设备、管理工具、应用软件所提供的功能往往是有限的,而网络需求是无限的。要想利用有限的功能满足无限的需求,就要求学生具有较强的应变能力,能利用现有的工具、方法和技术,创造性地实现各种复杂的功能,满足用户各种需求。

（四）资源利用建议

1. 建议选用国标参考教材和辅助教学资料,开发适用于教学的多媒体教学资源库和多媒体教学课件。

2. 教学实施过程中紧密结合多媒体教学手段,突出教学重点,突破教学难点。注重挂图、幻灯片、投影仪、教学仪器、多媒体课件、多媒体仿真软件等常用课程资源和现代化教学资源的开发和利用,有效创设形象生动的工作情境,激发学生的学习兴趣,促进学生对知识的理解和应用。

3. 建议加强课程资源的开发,建立跨校的实训多媒体课程资源数据库,努力实现跨校多媒体资源的共享,以提高课程资源利用效率。引导学生善用丰富的在线资源,自主学习综合布线工程施工操作相关指导视频。充分利用合作办学的企业资源,为学生提供阶段实训,让学生在真实的环境中磨炼自己,提升职业综合素质。

4. 为保证理论与实际操作相结合,并顺利实施项目化教学,需配备综合布线实训室。

智能化设备控制技术应用课程标准

▌课程名称

智能化设备控制技术应用

▌适用专业

中等职业学校建筑智能化设备安装与运维专业

一、 课程性质

本课程是中等职业学校建筑智能化设备安装与运维专业的一门专业核心课程,也是一门专业必修课程。其功能是使学生掌握 PLC 的基础知识和基本技能,具备对简单的智能化设备进行程序设计、运行、调试与维护的能力和建筑智能化设备安装与运维专业所必需的基本职业素养。本课程是建筑公用设备管理课程的后续课程,可为后续岗位实习奠定基础。

二、 设计思路

本课程遵循任务引领、做学合一的原则,根据中职建筑智能化设备安装与运维专业工作任务与职业能力分析结果,以智能化设备控制程序设计相关工作任务与职业能力为依据而设置。

课程内容紧紧围绕智能化设备控制技术所需职业能力培养的需要,选取了常用低压电器、PLC 的结构和型号、PLC 基本指令、PLC 功能指令、PLC 步进指令等内容,遵循适度够用的原则,确定相关理论知识、专业技能与要求。

课程内容组织以智能化设备控制编程指令为主线,设有常用低压电器的运用、PLC 的初步认识、PLC 基本指令的应用、PLC 功能指令的应用、PLC 步进指令的应用 5 个学习任务,以任务为引领,通过学习任务整合相关知识、技能与职业素养。

本课程建议学时数为 72 学时。

三、 课程目标

通过本课程的学习,学生具备 PLC 原理和指令的基本理论知识,能掌握 PLC 程序设计方法和技巧,运用 PLC 编程软件完成智能化设备 PLC 控制系统的运行、调试、故障诊断与排除,达到智能楼宇管理员职业技能等级证书(四级)的相关考核要求,具体达成以下职业素养和职业能力目标。

(一) 职业素养目标

● 养成爱岗敬业、认真负责、严谨细致、一丝不苟的职业态度。

● 养成规范意识,自觉遵守实训室操作规程完成各项实训任务。

● 诚实守信,客观记录实验数据,如实填写实验报告,不弄虚作假。

● 具有较强的责任心,尽职尽责,敢于担当。

● 养成不怕累、不怕苦、不怕脏的职业精神。

(二) 职业能力目标

● 能识别电气控制线路中的低压电器。

● 能根据项目设计要求选择合适的 PLC 机型。

● 能根据项目设计要求完成 PLC 与外部硬件电路连接。

● 能使用 PLC 编程软件。

● 能根据项目设计要求完成 PLC 梯形图控制软件的设计与调试。

● 能完成智能化设备 PLC 控制系统的运行、调试、故障诊断与排除。

四、 课程内容与要求

学习任务	技能与学习要求	知识与学习要求	参考学时
1. 常用低压电器的运用	1. 常用低压电器分析 ● 能识别常用低压电器 ● 能绘制常用低压电器的符号	1. 低压电器的概念与种类 ● 记住低压电器的概念 ● 记住低压电器的种类 2. 常用低压电器的结构与工作原理 ● 说出常用低压电器的结构 ● 解释常用低压电器的工作原理	8
	2. 传统继电接触器控制电路分析 ● 能分析三相异步电动机起保停电路 ● 能分析三相异步电动机正反转电路	3. 三相异步电动机起保停电路的工作原理 ● 说出三相异步电动机起保停电路中的常用低压电器 ● 解释三相异步电动机起保停电路的组成及工作原理 4. 三相异步电动机正反转电路的工作原理 ● 说出三相异步电动机正反转电路中的常用低压电器 ● 解释三相异步电动机正反转电路的组成及工作原理	

（续表）

学习任务	技能与学习要求	知识与学习要求	参考学时
2. PLC 的初步认识	1. PLC 识别与选用 ● 能识别 PLC 的结构 ● 能选用 PLC 的型号	1. PLC 的定义与发展历史 ● 记住 PLC 的定义 ● 了解 PLC 的发展历史 2. PLC 的功能与应用 ● 解释 PLC 系统与传统继电接触器系统的区别 ● 列举 PLC 在智能化设备控制中的主要应用 3. PLC 的组成结构与工作原理 ● 说出 PLC 的组成结构 ● 解释 PLC 的工作原理 4. FX3U-32M 型 PLC 的特点 ● 说出 FX3U-32M 型 PLC 的性能 ● 说出 FX3U-32M 型 PLC 的数据类型及内部元件	8
	2. PLC 编程软件运用 ● 能使用 PLC 编程软件建立计算机与 PLC 之间的在线联系 ● 能使用 PLC 编程软件编制、编译、下载、监测、调试程序	5. PLC 编程软件操作相关知识 ● 解释 PLC 编程软件的主界面组成及各图标含义、功能 ● 列举 PLC 编程软件的基本操作	
3. PLC 基本指令的应用	1. 停车场入口管理控制设计 ● 能使用 PLC 编程软件完成停车场入口管理控制电路编程 ● 能独立完成停车场入口管理控制系统的安装与调试	1. 停车场入口管理控制系统的硬件连接方法 ● 简述停车场入口管理控制 PLC 与外部硬件的电路连接方法 2. 停车场入口管理控制系统的编程方法 ● 归纳位逻辑指令的使用方法及梯形图实现 ● 描述停车场入口管理控制系统的控制要求及分配 I/O 点	18
	2. 智能建筑供水控制设计 ● 能使用 PLC 编程软件完成智能建筑供水控制电路编程 ● 能独立完成智能建筑供水控制系统的安装与调试	3. 智能建筑供水控制系统的硬件连接方法 ● 简述智能建筑供水控制 PLC 与外部硬件的电路连接方法 4. 智能建筑供水控制系统的编程方法 ● 归纳定时器、辅助继电器指令的使用方法及梯形图实现 ● 描述智能建筑供水控制系统的控制要求及分配 I/O 点	

(续表)

学习任务	技能与学习要求	知识与学习要求	参考学时
3. PLC基本指令的应用	3. 智能火灾报警控制设计 ● 能使用PLC编程软件完成智能火灾报警控制电路编程 ● 能独立完成智能火灾报警控制系统的安装、调试与监控	5. 智能火灾报警控制系统的硬件连接方法 ● 简述智能火灾报警控制PLC与外部硬件的电路连接方法 6. 智能火灾报警控制系统的编程方法 ● 归纳计数器、比较指令的使用方法及梯形图实现 ● 描述智能火灾报警控制系统的控制要求及分配I/O点	
4. PLC功能指令的应用	1. 智能窗帘控制设计 ● 能使用PLC编程软件完成智能窗帘控制电路编程 ● 能独立完成智能窗帘控制系统的安装、调试与监控	1. 智能窗帘控制系统的硬件连接方法 ● 简述智能窗帘控制PLC与外部硬件的电路连接方法 2. 智能窗帘控制系统的编程方法 ● 归纳MC、MCR、SET、RST、PLS、PLF指令的使用方法及梯形图实现 ● 描述智能窗帘控制系统的控制要求及分配I/O点	18
	2. 智能建筑室内灯光控制设计 ● 能使用PLC编程软件完成智能建筑室内灯光控制电路编程 ● 能独立完成智能建筑室内灯光控制系统的安装、调试与监控	3. 智能建筑室内灯光控制系统的硬件连接方法 ● 简述智能建筑室内灯光控制PLC与外部硬件的电路连接方法 4. 智能建筑室内灯光控制系统的编程方法 ● 归纳SFTL位左移、SFTR位右移、ZRST区间复位指令的使用方法及梯形图实现 ● 描述智能建筑室内灯光控制系统的控制要求及分配I/O点	
5. PLC步进指令的应用	1. 顺序功能图绘制 ● 能识别顺序功能图的基本结构 ● 能根据控制要求绘制顺序功能图	1. 顺序控制的含义、特点和应用方式 ● 了解顺序控制的含义、特点和应用方式 2. 顺序功能图中各图形符号表示的含义 ● 说出顺序功能图中各图形符号表示的含义 3. 顺序功能图中步和动作的关系 ● 解释顺序功能图中步和动作的关系 4. 顺序功能图的结构 ● 概述单分支、多分支、并行分支三种结构的画法	20

（续表）

学习任务	技能与学习要求	知识与学习要求	参考学时
5. PLC步进指令的应用	2. 步进梯形图编写 ● 能根据顺序功能图编写步进梯形图	5. 步进指令的使用方法 ● 归纳步进指令的使用方法 6. 顺序功能图与步进梯形图的转换方法 ● 说出顺序功能图与步进梯形图的关系 ● 举例说明顺序功能图与步进梯形图的转换方法	
	3. 四层电梯控制设计 ● 能使用PLC编程软件修改四层电梯控制电路编程 ● 能完成四层电梯控制系统的安装、调试与监控	7. 四层电梯控制系统的硬件连接方法 ● 简述四层电梯控制PLC与外部硬件的电路连接方法 8. 四层电梯控制系统的编程方法 ● 描述四层电梯控制系统的控制要求及分配I/O点	
总学时			72

五、 实施建议

（一）教材编写与选用建议

1. 应依据本课程标准编写教材或选用教材，从国家和市级教育行政部门发布的教材目录中选用教材，优先选用国家和市级规划教材。

2. 教材要充分体现育人功能，紧密结合教材内容、素材，有机融入课程思政要求，将课程思政内容与专业知识、技能有机统一。

3. 树立以学生为中心的教材观，在设计教材结构和组织教材内容时应遵循中职学生认知特点与学习规律。

4. 教材编写应以职业能力为逻辑线索，按照职业能力培养由易到难、由简单到复杂、由单一到综合的规律，确定教材各部分的目标、内容，并进行相应的任务、活动设计等，从而建立起一个结构清晰、层次分明的教材内容体系。

5. 教材在整体设计和内容选取时，要注重引入行业发展的新业态、新知识、新技术、新工艺、新方法，对接相应的职业标准和岗位要求，吸收先进产业文化和优秀企业文化。创设或引入职业情境，增强教材的职场感。

6. 教材要贴近学生生活，贴近职场，采用生动活泼的、学生乐于接受的语言、图表等去呈现内容，让学生在使用教材时有亲切感、真实感。

（二）教学实施建议

1. 切实推进课程思政建设,寓价值观引导于知识传授和能力培养之中,帮助学生塑造正确的世界观、人生观、价值观。要深入梳理教学内容,结合课程特点,深入挖掘课程思政元素,有机融入课程教学,达到润物无声的育人效果。

2. 教学要充分体现"实践导向、任务引领、理实一体、做学合一"的职教课改理念,紧密联系企业生产生活实际,以企业典型任务为载体,加强理论教学与实践教学的结合,充分利用各种实训场所与设备,促进教与学方式的转变。

3. 教师应坚持以学生为中心的教学理念,充分尊重学生,遵循学生认知特点与学习规律,努力成为学生学习的组织者、指导者和同伴。

4. 采取灵活多样的教学方式,充分调动学生学习的积极性、能动性,积极探索自主学习、合作学习、探究式学习、问题导向式学习、体验式学习、混合式学习等体现教学新理念的教学方式。

5. 有效利用现代信息技术,改进教学方法与手段,提升教学效果。

（三）教学评价建议

1. 要以本课程标准为依据,开展基于标准的教学评价。

2. 以评促教、以评促学,通过课堂教学及时评价,不断改进教学方法与手段。

3. 教学评价始终坚持德技并重的原则,构建德技融合的专业课教学评价体系,把德育和职业素养的评价内容与要求细化为具体的评价指标,有机融入专业知识与技能的评价指标体系,形成可观察、可测量的评价量表,综合评价学生学习情况。通过有效评价,在日常教学中不断促进学生思想品德和职业素养的形成。

4. 注重日常教学中对学生学习过程的评价。充分利用多种过程性评价工具,如评价表、记录袋等,积累过程性评价数据,形成过程性评价与终结性评价相结合的评价模式。

（四）资源利用建议

1. 利用现代信息技术开发多媒体教学课件等多媒体资源,搭建多维、动态的课程训练平台,充分调动学生的主动性、积极性和创造性。同时联合各校开发多媒体教学资源,努力实现跨校教学资源的共享。

2. 注重 PLC 编程软件的开发和利用,引导学生积极主动地完成本课程的学习任务,为提高智能化设备控制编程的职业能力提供有效途径。

3. 搭建产学合作平台,充分利用本行业的企业资源,满足学生参观、实训和毕业实习的需要,并在合作中关注学生职业能力的发展和教学内容的调整。

4. 利用实训中心,使教学与实训合二为一,满足学生综合职业能力培养的要求。

安防系统安装与运维课程标准

▌课程名称

安防系统安装与运维

▌适用专业

中等职业学校建筑智能化设备安装与运维专业

一、 课程性质

本课程是中等职业学校建筑智能化设备安装与运维专业的一门专业核心课程,也是一门专业必修课程。其功能是使学生掌握弱电系统中安防系统安装与运维的基础知识和基本技能,具备从事弱电系统施工的基本职业能力。本课程是建筑智能化基础、电工电子技术基础等课程的后续课程。

二、 设计思路

本课程遵循任务引领、理实一体的原则,根据中职建筑智能化设备安装与运维专业工作任务与职业能力分析结果,以安防系统相关工作任务与职业能力为依据而设置。

课程内容紧紧围绕安防系统安装与运维所需职业能力培养的需要,选取了安防系统基础知识、安防系统安装与调试、安防系统运行维护等内容,遵循适度够用的原则,确定相关理论知识、专业技能与要求,并融入综合安防系统建设与运维职业技能等级证书(初级)的相关考核要求。

课程内容组织以安防系统安装与运维的主要工作任务为线索,设有出入口控制系统安装与运维、入侵和紧急报警系统安装与运维、视频监控系统安装与运维、楼寓对讲系统安装与运维、电子巡查系统安装与运维、停车库(场)管理系统安装与运维 6 个学习任务,以任务为引领,通过学习任务整合相关知识、技能与职业素养。

本课程建议学时数为 72 学时。

三、 课程目标

通过本课程的学习,学生能了解安防系统的相关知识,掌握出入口控制系统、入侵和紧急报警系统、视频监控系统、楼寓对讲系统、电子巡查系统、停车库(场)管理系统安装与运维的技能,达到综合安防系统建设与运维职业技能等级证书(初级)的相关考核要求,具体达成以下职业素养和职业能力目标。

(一) 职业素养目标

- 养成认真负责、严谨细致、静心专注、精益求精的职业态度。
- 严格遵守安防系统安装与运维的操作规范,养成遵章守法、安全生产的意识。
- 关注设备操作流程细节,自觉遵守设备操作规程。
- 爱岗敬业,忠于职守,养成不怕累、不怕苦、不怕脏的职业精神。

(二) 职业能力目标

- 能安装、调试与运维出入口控制系统。
- 能安装、调试与运维入侵和紧急报警系统。
- 能安装、调试与运维视频监控系统。
- 能安装、调试与运维楼寓对讲系统。
- 能安装、调试与运维电子巡查系统。
- 能安装、调试与运维停车库(场)管理系统。

四、 课程内容与要求

学习任务	技能与学习要求	知识与学习要求	参考学时
1. 出入口控制系统安装与运维	1. 出入口控制系统方案制定 ● 能识别出入口控制系统常见的控制器和识读设备 ● 能识读常见出入口控制系统图 ● 能根据任务要求制定系统方案 ● 能根据方案绘制系统图	1. 出入口控制系统功能和组成 ● 说出系统功能、组成和管理类型 ● 说出常见设备器件的功能特点 2. 出入口控制系统图 ● 举例说明常见出入口控制系统结构 ● 说出出入口控制系统图的内容	16
	2. 出入口控制系统施工准备 ● 能根据方案进行设备选型与配置 ● 能选择系统的供电方式和通信方式 ● 能根据方案制定工作计划表 ● 能编制材料清单表	3. 出入口控制系统施工准备内容和要求 ● 简述设备选型原则 ● 说出系统传输方式和供电方式 ● 说出工程施工的基本流程	

（续表）

学习任务	技能与学习要求	知识与学习要求	参考学时
1. 出入口控制系统安装与运维	3. 出入口控制系统工程施工 ● 能识读施工图和接线图 ● 能识别现场具体应用的管线与设备 ● 能根据图纸要求进行设备安装 ● 能根据图纸要求进行管线施工 ● 能填写系统安装接线检查表	4. 出入口控制系统施工图与接线图 ● 简述施工图内容和要求 ● 简述接线图内容和要求 5. 出入口控制系统施工要求 ● 简述设备安装的标准规范 ● 简述管线施工要求	
	4. 出入口控制系统工程调试 ● 能进行单元功能模块调试 ● 能操作管理软件进行系统调试 ● 能填写系统调试检查表	6. 出入口控制系统管理软件 ● 简述管理软件的功能及应用 7. 出入口控制系统调试要求与内容 ● 简述出入口控制系统调试要求 ● 说出出入口控制系统调试内容	
	5. 出入口控制系统工程验收 ● 能完成分项工程规范检查与验收 ● 能填写系统验收记录表	8. 出入口控制系统工程检查与验收内容及要求 ● 归纳系统检查项目及要求 ● 归纳验收依据和验收要求	
	6. 出入口控制系统日常运维 ● 能判断常见故障并进行维修替换 ● 能进行日常巡检并填写巡检单 ● 能进行管理系统维护和升级	9. 出入口控制系统运维内容和要求 ● 举例说明常见故障及排除方法 ● 归纳日常运维的项目和要求 ● 简述管理系统的日常运维要求	
2. 入侵和紧急报警系统安装与运维	1. 入侵和紧急报警系统方案制定 ● 能识别入侵和紧急报警系统常见的报警主机和探测器 ● 能识读常见入侵和紧急报警系统图 ● 能根据任务要求制定系统方案 ● 能根据方案绘制系统图	1. 入侵和紧急报警系统功能和组成 ● 说出系统功能、组成和管理类型 ● 说出常见设备器件的功能特点 2. 入侵和紧急报警系统图 ● 举例说明常见入侵和紧急报警系统结构 ● 说出入侵和紧急报警系统图的内容	16
	2. 入侵和紧急报警系统施工准备 ● 能根据方案进行设备选型与配置 ● 能选择系统的供电方式和通信方式 ● 能根据方案制定工作计划表 ● 能编制材料清单表	3. 入侵和紧急报警系统施工准备内容和要求 ● 简述设备选型原则 ● 说出系统传输方式和供电方式 ● 说出工程施工的基本流程	

（续表）

学习任务	技能与学习要求	知识与学习要求	参考学时
2. 入侵和紧急报警系统安装与运维	3. 入侵和紧急报警系统工程施工 ● 能识读施工图和接线图 ● 能识别现场具体应用的管线与设备 ● 能根据图纸要求进行设备安装 ● 能根据图纸要求进行管线施工 ● 能填写系统安装接线检查表	4. 入侵和紧急报警系统施工图与接线图 ● 简述施工图内容和要求 ● 简述接线图内容和要求 5. 入侵和紧急报警系统施工要求 ● 简述设备安装的标准规范 ● 简述管线施工要求	
	4. 入侵和紧急报警系统工程调试 ● 能进行防区编程和通信编程 ● 能进行单元功能模块调试 ● 能操作管理软件进行系统调试 ● 能填写系统调试检查表	6. 入侵和紧急报警系统管理软件 ● 简述管理软件的功能及应用 7. 入侵和紧急报警系统调试要求与内容 ● 简述入侵和紧急报警系统调试要求 ● 说出入侵和紧急报警系统调试内容	
	5. 入侵和紧急报警系统工程验收 ● 能完成分项工程规范检查与验收 ● 能填写系统验收记录表	8. 入侵和紧急报警系统工程检查与验收内容及要求 ● 归纳系统检查项目及要求 ● 归纳验收依据和验收要求	
	6. 入侵和紧急报警系统日常运维 ● 能判断常见故障并进行维修替换 ● 能进行日常巡检并填写巡检单 ● 能进行管理系统维护和升级	9. 入侵和紧急报警系统运维内容和要求 ● 举例说明常见故障及排除方法 ● 归纳日常运维的项目和要求 ● 简述管理系统的日常运维要求	
3. 视频监控系统安装与运维	1. 视频监控系统方案制定 ● 能识别视频监控系统常见的摄像机、硬盘录像机和探测器 ● 能识读常见视频监控系统图 ● 能根据任务要求制定系统方案 ● 能根据方案绘制系统图	1. 视频监控系统功能和组成 ● 说出系统功能、组成和管理类型 ● 说出常见设备器件的功能特点 2. 视频监控系统图 ● 举例说明常见视频监控系统结构 ● 说出视频监控系统图的内容	16

（续表）

学习任务	技能与学习要求	知识与学习要求	参考学时
3. 视频监控系统安装与运维	2. 视频监控系统施工准备 ● 能根据方案进行设备选型与配置 ● 能选择系统的供电方式和通信方式 ● 能根据方案制定工作计划表 ● 能编制材料清单表	3. 视频监控系统施工准备内容和要求 ● 简述设备选型原则 ● 说出系统传输方式和供电方式 ● 说出工程施工的基本流程	
	3. 视频监控系统工程施工 ● 能识读施工图和接线图 ● 能识别现场具体应用的管线与设备 ● 能根据图纸要求进行设备安装 ● 能根据图纸要求进行管线施工 ● 能填写系统安装接线检查表	4. 视频监控系统施工图与接线图 ● 简述施工图内容和要求 ● 简述接线图内容和要求 5. 视频监控系统施工要求 ● 简述设备安装的标准规范 ● 简述管线施工要求	
	4. 视频监控系统工程调试 ● 能进行单元功能模块调试 ● 能操作管理软件进行系统调试 ● 能填写系统调试检查表	6. 视频监控系统管理软件 ● 简述管理软件的功能及应用 7. 视频监控系统调试要求与内容 ● 简述视频监控系统调试要求 ● 说出视频监控系统调试内容	
	5. 视频监控系统工程验收 ● 能完成分项工程规范检查与验收 ● 能填写系统验收记录表	8. 视频监控系统工程检查与验收内容及要求 ● 归纳系统检查项目及要求 ● 归纳验收依据和验收要求	
	6. 视频监控系统日常运维 ● 能判断常见故障并进行维修替换 ● 能进行日常巡检并填写巡检单 ● 能进行管理系统维护和升级	9. 视频监控系统运维内容和要求 ● 举例说明常见故障及排除方法 ● 归纳日常运维的项目和要求 ● 简述管理系统的日常运维要求	
4. 楼寓对讲系统安装与运维	1. 楼寓对讲系统方案制定 ● 能识别楼寓对讲系统常见的管理机、室内分机和门口机 ● 能识读常见楼寓对讲系统图 ● 能根据任务要求制定系统方案 ● 能根据方案绘制系统图	1. 楼寓对讲系统功能和组成 ● 说出系统功能、组成和管理类型 ● 说出常见设备器件的功能特点 2. 楼寓对讲系统图 ● 举例说明常见楼寓对讲系统结构 ● 说出楼寓对讲系统图的内容	8

（续表）

学习任务	技能与学习要求	知识与学习要求	参考学时
4. 楼寓对讲系统安装与运维	2. 楼寓对讲系统施工准备 ● 能根据方案进行设备选型与配置 ● 能选择系统的供电方式和通信方式 ● 能根据方案制定工作计划表 ● 能编制材料清单表	3. 楼寓对讲系统施工准备内容和要求 ● 简述设备选型原则 ● 说出系统传输方式和供电方式 ● 说出工程施工的基本流程	
	3. 楼寓对讲系统工程施工 ● 能识读施工图和接线图 ● 能识别现场具体应用的管线与设备 ● 能根据图纸要求进行设备安装 ● 能根据图纸要求进行管线施工 ● 能填写系统安装接线检查表	4. 楼寓对讲系统施工图与接线图 ● 简述施工图内容和要求 ● 简述接线图内容和要求 5. 楼寓对讲系统施工要求 ● 简述设备安装的标准规范 ● 简述管线施工要求	
	4. 楼寓对讲系统工程调试 ● 能进行单元功能模块调试 ● 能操作管理软件进行系统调试 ● 能填写系统调试检查表	6. 楼寓对讲系统管理软件 ● 简述管理软件的功能及应用 7. 楼寓对讲系统调试要求与内容 ● 简述楼寓对讲系统调试要求 ● 说出楼寓对讲系统调试内容	
	5. 楼寓对讲系统工程验收 ● 能完成分项工程规范检查与验收 ● 能填写系统验收记录表	8. 楼寓对讲系统工程检查与验收内容及要求 ● 归纳系统检查项目及要求 ● 归纳验收依据和验收要求	
	6. 楼寓对讲系统日常运维 ● 能判断常见故障并进行维修替换 ● 能进行日常巡检并填写巡检单 ● 能进行管理系统维护和升级	9. 楼寓对讲系统运维内容和要求 ● 举例说明常见故障及排除方法 ● 归纳日常运维的项目和要求 ● 简述管理系统的日常运维要求	
5. 电子巡查系统安装与运维	1. 电子巡查系统方案制定 ● 能识别电子巡查系统常见的巡查器和信息钮 ● 能识读常见电子巡查系统图 ● 能根据任务要求制定系统方案 ● 能根据方案绘制系统图	1. 电子巡查系统功能和组成 ● 说出系统功能、组成和管理类型 ● 说出常见设备器件的功能特点 2. 电子巡查系统图 ● 举例说明常见电子巡查系统结构 ● 说出电子巡查系统图的内容	8

（续表）

学习任务	技能与学习要求	知识与学习要求	参考学时
5. 电子巡查系统安装与运维	2. 电子巡查系统施工准备 ● 能进行区域信息钮布点位置选择 ● 能根据方案规划路线、制定计划 ● 能根据方案进行设备选型与配置 ● 能根据方案制定工作计划表 ● 能编制材料清单表	3. 电子巡查系统施工准备内容和要求 ● 简述设备选型原则 ● 说出系统传输方式和供电方式 ● 说出工程施工的基本流程	
	3. 电子巡查系统工程施工 ● 能识读施工图 ● 能根据图纸要求进行设备安装 ● 能填写系统安装检查表	4. 电子巡查系统施工图 ● 简述施工图内容和要求 5. 电子巡查系统施工要求 ● 简述设备安装的标准规范 ● 简述系统施工要求	
	4. 电子巡查系统工程调试 ● 能根据方案设置巡查地点、事件、路线和计划 ● 能操作采集器进行巡查 ● 能进行数据统计分析 ● 能填写系统调试检查表	6. 电子巡查系统管理软件 ● 简述管理软件的功能及应用 7. 电子巡查系统调试要求与内容 ● 简述电子巡查系统调试要求 ● 说出电子巡查系统调试内容	
	5. 电子巡查系统工程验收 ● 能完成分项工程规范检查与验收 ● 能填写系统验收记录表	8. 电子巡查系统工程检查与验收内容及要求 ● 归纳系统检查项目及要求 ● 归纳验收依据和验收要求	
	6. 电子巡查系统日常运维 ● 能判断常见故障并进行维修替换 ● 能进行日常巡检并填写巡检单 ● 能进行管理系统维护和升级	9. 电子巡查系统运维内容和要求 ● 举例说明常见故障及排除方法 ● 归纳日常运维的项目和要求 ● 简述管理系统的日常运维要求	
6. 停车库（场）管理系统安装与运维	1. 停车库（场）管理系统方案制定 ● 能识别停车库（场）管理系统常见的道闸、控制机和识读设备 ● 能识读常见停车库（场）管理系统图 ● 能根据任务要求制定系统方案 ● 能根据方案绘制系统图	1. 停车库（场）管理系统功能和组成 ● 说出系统功能、组成和管理类型 ● 说出常见设备器件的功能特点 2. 停车库（场）管理系统图 ● 举例说明常见停车库（场）管理系统结构 ● 说出停车库（场）管理系统图的内容	8

（续表）

学习任务	技能与学习要求	知识与学习要求	参考学时
6. 停车库（场）管理系统安装与运维	2. 停车库（场）管理系统施工准备 ● 能根据方案进行设备选型与配置 ● 能选择系统的供电方式和通信方式 ● 能根据方案制定工作计划表 ● 能编制材料清单表	3. 停车库（场）管理系统施工准备内容和要求 ● 简述设备选型原则 ● 说出系统传输方式和供电方式 ● 说出工程施工的基本流程	
	3. 停车库（场）管理系统工程施工 ● 能识读施工图和接线图 ● 能识别现场具体应用的管线与设备 ● 能根据图纸要求进行设备安装 ● 能根据图纸要求进行管线施工 ● 能填写系统安装接线检查表	4. 停车库（场）管理系统施工图与接线图 ● 简述施工图内容和要求 ● 简述接线图内容和要求 5. 停车库（场）管理系统施工要求 ● 简述设备安装的标准规范 ● 简述管线施工要求	
	4. 停车库（场）管理系统工程调试 ● 能进行单元功能模块调试 ● 能操作管理软件进行系统调试 ● 能填写系统调试检查表	6. 停车库（场）管理系统管理软件 ● 简述管理软件的功能及应用 7. 停车库（场）管理系统调试要求与内容 ● 简述停车库（场）管理系统调试要求 ● 说出停车库（场）管理系统调试内容	
	5. 停车库（场）管理系统工程验收 ● 能完成分项工程规范检查与验收 ● 能填写系统验收记录表	8. 停车库（场）管理系统工程检查与验收内容及要求 ● 归纳系统检查项目及要求 ● 归纳验收依据和验收要求	
	6. 停车库（场）管理系统日常运维 ● 能判断常见故障并进行维修替换 ● 能进行日常巡检并填写巡检单 ● 能进行管理系统维护和升级	9. 停车库（场）管理系统运维内容和要求 ● 举例说明常见故障及排除方法 ● 归纳日常运维的项目和要求 ● 简述管理系统的日常运维要求	
	总学时		72

五、　实施建议

（一）教材编写与选用建议

1. 应依据本课程标准编写教材或选用教材,从国家和市级教育行政部门发布的教材目录中选用教材,优先选用国家和市级规划教材。

2. 教材要充分体现育人功能,紧密结合教材内容、素材,有机融入课程思政要求,将课程思政内容与专业知识、技能有机统一。

3. 树立以学生为中心的教材观,在设计教材结构和组织教材内容时应遵循中职学生认知特点与学习规律。

4. 教材编写应以职业能力为逻辑线索,按照职业能力培养由易到难、由简单到复杂、由单一到综合的规律,确定教材各部分的目标、内容,并进行相应的任务、活动设计等,从而建立起一个结构清晰、层次分明的教材内容体系。

5. 教材在整体设计和内容选取时,要注重引入行业发展的新业态、新知识、新技术、新工艺、新方法,对接相应的职业标准和岗位要求,吸收先进产业文化和优秀企业文化。创设或引入职业情境,增强教材的职场感,

6. 教材要贴近学生生活,贴近职场,采用生动活泼的、学生乐于接受的语言、图表等去呈现内容,让学生在使用教材时有亲切感、真实感。

（二）教学实施建议

1. 切实推进课程思政建设,寓价值观引导于知识传授和能力培养之中,帮助学生塑造正确的世界观、人生观、价值观。要深入梳理教学内容,结合课程特点,深入挖掘课程思政元素,有机融入课程教学,达到润物无声的育人效果。

2. 教学要充分体现"实践导向、任务引领、理实一体、做学合一"的职教课改理念,紧密联系企业生产生活实际,以企业典型任务为载体,加强理论教学与实践教学的结合,充分利用各种实训场所与设备,促进教与学方式的转变。

3. 教师应坚持以学生为中心的教学理念,充分尊重学生,遵循学生认知特点与学习规律,努力成为学生学习的组织者、指导者和同伴。

4. 采取灵活多样的教学方式,充分调动学生学习的积极性、能动性,积极探索自主学习、合作学习、探究式学习、问题导向式学习、体验式学习、混合式学习等体现教学新理念的教学方式。

5. 有效利用现代信息技术,改进教学方法与手段,提升教学效果。

（三）教学评价建议

1. 要以本课程标准为依据,开展基于标准的教学评价。

2. 以评促教、以评促学,通过课堂教学及时评价,不断改进教学方法与手段。

3. 教学评价始终坚持德技并重的原则,构建德技融合的专业课教学评价体系,把德育和职业素养的评价内容与要求细化为具体的评价指标,有机融入专业知识与技能的评价指标体系,形成可观察、可测量的评价量表,综合评价学生学习情况。通过有效评价,在日常教学中不断促进学生思想品德和职业素养的形成。

4. 注重日常教学中对学生学习过程的评价。充分利用多种过程性评价工具,如评价表、记录袋等,积累过程性评价数据,形成过程性评价与终结性评价相结合的评价模式。

(四)资源利用建议

1. 利用视频、微课、动画、图片、文档等资源,有效创设形象生动的学习环境,激发学生的学习兴趣,促进学生对知识的理解和技能的掌握。建议加强各类课程资源的开发,涵盖设备的安装、接线和调试等环节,从局部细节到宏观整体,强调职业素养提升和职业规范培养。

2. 充分利用网络资源,吸收行业、企业在安防系统领域的各种成功案例,学习同类学校的优秀资源,积累丰富的案例资源,为学生的方案设计和决策提供参考依据,同时也能让学生提前进入虚拟企业,融入企业角色,使教学活动从信息的单向传递向多向交换转变。

3. 充分利用行业企业三方平台,加强产学合作,建立实习实训基地,满足学生实习、实训的需要,同时进行在线开放课程的资源开发。引入企业导师,共同开发任务案例资源,使资源更规范、更贴近实际。

4. 建立安防系统安装与调试实训室,为课程教学提供理实一体的现代化职业学习场所,为各类校本资源建设提供条件。完善开放式实训中心,使安防系统安装与运维课程学习和完整的专业培养有机衔接,有利于知识体系构建,满足学生综合职业能力培养的要求。

建筑公用设备管理课程标准

┃课程名称

建筑公用设备管理

┃适用专业

中等职业学校建筑智能化设备安装与运维专业

一、 课程性质

本课程是中等职业学校建筑智能化设备安装与运维专业的一门专业核心课程,也是一门专业必修课程。其功能是使学生掌握智能建筑给排水系统、暖通空调系统运行与维护的基础知识和基本技能。本课程是建筑智能化基础课程的后续课程,可为后续其他专业课程的学习奠定基础。

二、 设计思路

本课程遵循任务引领、理实一体的原则,参照建筑给排水系统、暖通空调系统运行与维护国家职业标准,根据中职建筑智能化设备安装与运维专业工作任务与职业能力分析结果,以给排水系统、暖通空调系统运行与维护相关工作任务与职业能力为依据而设置。

课程内容紧紧围绕建筑公用设备管理所需职业能力培养的需要,选取了建筑生活给水系统、建筑消防给水系统、建筑生活排水系统、中央空调常见机组、中央空调水系统、中央空调风系统等典型设备系统,遵循适度够用的原则,确定相关理论知识、专业技能与要求,并融入智能楼宇管理员职业技能等级证书(四级)的相关考核要求。

课程内容组织以建筑公用设备管理中的典型系统运维为线索,设有建筑生活给水系统运行与维护、建筑消防给水系统运行与维护、建筑生活排水系统运行与维护、中央空调常见机组运行与维护、中央空调水系统运行与维护、中央空调风系统运行与维护 6 个学习任务,以任务为引领,通过学习任务整合相关知识、技能与职业素养。

本课程建议学时数为 72 学时。

三、 课程目标

通过本课程的学习,学生具备建筑公用设备管理基本理论知识,能掌握初步的建筑给排水系统、暖通空调系统运行与维护相关技术操作,达到智能楼宇管理员职业技能等级证书

(四级)的相关考核要求,具体达成以下职业素养和职业能力目标。

(一) 职业素养目标

- 关注设备操作流程细节,自觉遵守设备操作规程。
- 严格遵守建筑给排水系统、暖通空调系统运行与维护的操作规范,养成遵章守法、安全生产的意识。
- 具有用专业知识和技能服务社会的意识。
- 养成爱岗敬业、认真负责、严谨细致、一丝不苟的职业态度。
- 具有诚实守信的意识和较强的责任心,尽职尽责,敢于担当。

(二) 职业能力目标

- 能识别给排水系统构成和功能。
- 能识别消防给水系统构成和功能。
- 能通过仪表数据分析给排水系统运行状态,并进行调节。
- 能根据给排水系统巡检岗位职责和规范,完成日常巡检。
- 能识别暖通空调系统构成和功能。
- 能按要求完成常见冷水机组、风冷热泵机组的运行与维护。
- 能按要求完成建筑公用设备中水泵、冷却塔等设备的运行与维护。
- 能根据有关参数判断建筑公用设备运行状态,并对参数进行调节。

四、 课程内容与要求

学习任务	技能与学习要求	知识与学习要求	参考学时
1. 建筑生活给水系统运行与维护	1. 生活给水系统的识别 ● 能识读建筑生活给水系统的设备符号和管件符号 ● 能区分建筑生活给水系统不同的给水方式	1. 生活给水系统的分类 ● 记住建筑内部生活给水系统的分类 2. 生活给水系统的构成 ● 简述建筑内部生活给水系统的主要设备 ● 归纳生活给水系统配套管件、附件的种类和规格	12
	2. 生活给水系统的运行 ● 能设置生活给水系统的运行参数 ● 能准确填写生活给水系统运行巡检表	3. 生活给水系统的运行参数 ● 记住生活给水系统的基本运行参数 4. 生活给水系统的控制原理 ● 了解 PLC 自动控制程序的启停原理 ● 描述变频恒压供水控制过程	

（续表）

学习任务	技能与学习要求	知识与学习要求	参考学时
1. 建筑生活给水系统运行与维护	3. 生活给水系统的维护 ● 能判断常见故障并进行维修替换 ● 能准确填写生活给水系统维护记录单	5. 生活给水系统的常见故障 ● 列举生活给水系统的常见故障 ● 说出处理常见故障的基本流程 6. 生活给水系统的维护步骤和方法 ● 归纳生活给水系统的维护步骤和方法	
2. 建筑消防给水系统运行与维护	1. 消防给水系统的识别 ● 能识读建筑消防给水系统的设备符号和管件符号 ● 能区分建筑消防给水系统不同的给水方式	1. 消防给水系统的分类 ● 记住建筑内部消防给水系统的分类 2. 消防给水系统的构成 ● 简述建筑内部消防给水系统的主要设备 ● 归纳消防给水系统配套管件、附件的种类和规格	12
	2. 消防给水系统的运行 ● 能设置消防给水系统的运行参数 ● 能准确填写消防给水系统运行巡检表	3. 消防给水系统的运行参数 ● 记住消防给水系统的基本运行参数 4. 消防给水系统的控制原理 ● 说出消防给水系统的启停原理 ● 描述消防给水过程	
	3. 消防给水系统的维护 ● 能判断常见故障并进行维修替换 ● 能准确填写消防给水系统维护记录单	5. 消防给水系统的常见故障 ● 列举消防给水系统的常见故障 ● 说出处理常见故障的基本流程 6. 消防给水系统的维护步骤和方法 ● 归纳消防给水系统的维护步骤和方法	
3. 建筑生活排水系统运行与维护	1. 生活排水系统的识别 ● 能识读建筑生活排水系统的设备符号和管件符号 ● 能区分建筑生活排水系统不同的排水方式	1. 生活排水系统的分类 ● 了解建筑内部生活排水系统的分类 2. 生活排水系统的构成 ● 简述建筑内部生活排水系统的主要设备 ● 归纳生活排水系统配套管件、附件的种类和规格	12
	2. 生活排水系统的运行 ● 能对生活排水系统进行灌水试验、通水试验和通球试验，并做记录 ● 能准确填写生活排水系统运行巡检表	3. 生活排水系统的工作状态 ● 归纳生活排水系统的正常工作状态 ● 描述生活排水管道的排水形式	

学习任务	技能与学习要求	知识与学习要求	参考学时
3. 建筑生活排水系统运行与维护	3. 生活排水系统的维护 ● 能判断常见故障并进行维修替换 ● 能准确填写生活排水系统维护记录单	4. 生活排水系统的常见故障 ● 列举生活排水系统的常见故障 ● 说出处理常见故障的基本流程 5. 生活排水系统附件的安装方法 ● 描述卫生设备等生活排水系统附件的安装方法	
4. 中央空调常见机组运行与维护	1. 压缩式冷水机组的识别 ● 能辨别常见的压缩式冷水机组类型 2. 压缩式冷水机组的开机操作 ● 能按照正确的流程开机 ● 能根据参数判断机组运行情况	1. 压缩式冷水机组的分类 ● 描述压缩式冷水机组的常见形式 ● 归纳常见压缩式冷水机组的主要部件 2. 压缩式冷水机组的构成与热量传递过程 ● 列举压缩式冷水机组的构成 ● 简述压缩式冷水机组的热量传递过程 3. 压缩式冷水机组的开机注意事项 ● 归纳压缩式冷水机组的开机条件和开机顺序	12
	3. 吸收式冷水机组的识别 ● 能辨别常见的吸收式冷水机组类型 4. 吸收式冷水机组的开机操作 ● 能按照正确的流程开机 ● 能根据参数判断机组运行情况	4. 吸收式冷水机组的构成与热量传递过程 ● 描述吸收式冷水机组的构成 ● 简述吸收式冷水机组的热量传递过程 5. 吸收式冷水机组的开机注意事项 ● 归纳溴化锂吸收式冷（热）源机组的工作状态参数 ● 描述溴化锂吸收式冷（热）源机组的开机条件	
	5. 风冷热泵机组的识别 ● 能辨别风冷热泵机组的主要组成部分 6. 风冷热泵机组的开机操作 ● 能按照正确的流程开机 ● 能切换风冷热泵机组冬夏运行模式	6. 风冷热泵机组的构成 ● 描述风冷热泵机组的构成 ● 解释风冷热泵机组与水冷机组的区别 7. 四通换向阀的工作原理 ● 描述四通换向阀的工作过程 8. 风冷热泵机组的开机注意事项 ● 归纳风冷热泵机组的开机条件和开机顺序	

（续表）

学习任务	技能与学习要求	知识与学习要求	参考学时
5. 中央空调水系统运行与维护	1. 水系统的识别 ● 能辨别中央空调水系统类型 2. 水系统的开机操作 ● 能判断水系统是否满足开机要求，并记录主机的送电状态 ● 能判断水系统的开机条件，并在任务记录表中记录开机顺序	1. 水系统的构成 ● 说出中央空调水系统的构成 2. 水泵的类型 ● 列举水泵的类型 ● 说出水泵的技术参数 3. 冷却塔的常见形式与工作原理 ● 说出冷却塔的常见形式 ● 简述冷却塔的工作原理	12
	3. 冷媒水系统的识别 ● 能辨别中央空调冷媒水系统的主要组成部分 4. 冷媒水的参数调节 ● 能使用管路旁通法调节冷媒水的流量 ● 能通过变频风机和变频水泵调节冷媒水系统参数	4. 冷媒水系统的构成 ● 记住中央空调冷媒水系统的构成 5. 冷媒水系统的开机注意事项 ● 归纳冷媒水系统的开机条件和开机顺序 6. 冷媒水系统的参数调节原理 ● 解释冷媒水水量变化对水温变化的影响 ● 理解冷媒水流量调节原理	
	5. 冷却水系统的识别 ● 能辨别中央空调冷却水系统的主要组成部分 6. 冷却水的参数调节 ● 能使用管路旁通法调节冷却水的流量 ● 能通过变频风机和变频水泵调节冷却水系统参数	7. 冷却水系统的构成 ● 记住中央空调冷却水系统的构成 8. 冷却水系统的开机注意事项 ● 归纳冷却水系统的开机条件和开机顺序 9. 冷却水的参数调节原理 ● 解释冷却水水量变化对水温变化的影响 ● 理解冷却水流量调节原理	
6. 中央空调风系统运行与维护	1. 风系统的识别 ● 能辨别中央空调风系统的主要组成部分 2. 风系统的开机操作 ● 能按照正确的流程开机 ● 能根据参数判断机组运行情况	1. 风系统的构成 ● 说出中央空调风系统的构成和设备类型 2. 风机的类型 ● 记住风机的类型和技术参数 3. 风系统的开机注意事项 ● 归纳风系统的开机条件和开机顺序	12

（续表）

学习任务	技能与学习要求	知识与学习要求	参考学时
6. 中央空调风系统运行与维护	3. 风系统的新风调节 ● 能调节新风机组的工作参数 ● 能调节组合式空调箱的工作参数	4. 风系统新风调节相关知识 ● 简述新风的供给方式 ● 归纳新风系统的构成和设备类型 ● 解释新风系统状态参数异常的原因 5. 组合式空调箱的工作原理 ● 理解组合式空调的组成和设备类型	
	4. 风系统的回风调节 ● 能调节一次回风的工作参数 ● 能调节二次回风的工作参数	6. 风系统回风调节相关知识 ● 简述回风的供给方式 ● 归纳回风系统的构成和设备类型 7. 回风空调系统 ● 简述一次回风空调系统的构成和设备类型 ● 简述二次回风空调系统的构成和设备类型	
总学时			72

五、 实施建议

（一）教材编写与选用建议

1. 应依据本课程标准编写教材或选用教材,从国家和市级教育行政部门发布的教材目录中选用教材,优先选用国家和市级规划教材。

2. 教材要充分体现育人功能,紧密结合教材内容、素材,有机融入课程思政要求,将课程思政内容与专业知识、技能有机统一。

3. 树立以学生为中心的教材观,在设计教材结构和组织教材内容时应遵循中职学生认知特点与学习规律。

4. 教材编写应体现基础性、操作性和开拓性相统一的课程思想,以职业能力为逻辑线索,按照职业能力培养由易到难、由简单到复杂、由单一到综合的规律,确定教材各部分的目标、内容,并进行相应的任务、活动设计等,从而建立起一个结构清晰、层次分明的教材内容体系。

5. 教材在整体设计和内容选取时,要注重引入行业发展的新业态、新知识、新技术、新工艺、新方法,对接相应的职业标准和岗位要求,吸收先进产业文化和优秀企业文化。创设或引入职业情境,增强教材的职场感。

6. 教材要贴近学生生活,贴近职场,采用生动活泼的、学生乐于接受的语言、图表等去呈现内容,让学生在使用教材时有亲切感、真实感。

（二）教学实施建议

1. 切实推进课程思政建设,寓价值观引导于知识传授和能力培养之中,帮助学生塑造正确的世界观、人生观、价值观。要深入梳理教学内容,结合课程特点,深入挖掘课程思政元素,有机融入课程教学,达到润物无声的育人效果。

2. 教学要充分体现"实践导向、任务引领、理实一体、做学合一"的职教课改理念,紧密联系企业生产生活实际,以企业典型任务为载体,加强理论教学与实践教学的结合,充分利用各种实训场所与设备,促进教与学方式的转变。

3. 教师应坚持以学生为中心的教学理念,充分尊重学生,遵循学生认知特点与学习规律,努力成为学生学习的组织者、指导者和同伴。

4. 采取灵活多样的教学方式,充分调动学生学习的积极性、能动性,积极探索自主学习、合作学习、探究式学习、问题导向式学习、体验式学习、混合式学习等体现教学新理念的教学方式。

5. 有效利用现代信息技术,改进教学方法与手段,提升教学效果。充分运用资源开展学习,同时通过组织参观、实验实训、观察记录把学生引向实践。通过组织与指导学生书写调研报告,拓宽思维空间,激发成就动机,使学生主动地学习。运用小组学习、讨论、交流生活经验等方式深化学习内容。

6. 要凸显课程思政理念,渗透职业素养教育,引导学生学习国家标准和上海市地方标准,注重培养学生良好的职业道德、团结协作意识、安全意识,以及实事求是、科学严谨的工作作风。

（三）教学评价建议

1. 要以本课程标准为依据,开展基于标准的教学评价,既要对相关知识、技能进行评价,也要对态度、情感进行评价。

2. 以评促教、以评促学,通过课堂教学及时评价,不断改进教学方法与手段。过程性评价采取教师评价为主,学生自评、互评为辅的形式,引导学生形成职业规范意识,养成良好的学习习惯与职业习惯。

3. 教学评价始终坚持德技并重的原则,构建德技融合的专业课教学评价体系,把德育和职业素养的评价内容与要求细化为具体的评价指标,有机融入专业知识与技能的评价指标体系,形成可观察、可测量的评价量表,综合评价学生学习情况。通过有效评价,在日常教学中不断促进学生思想品德和职业素养的形成。

4. 注重日常教学中对学生学习过程的评价。充分利用多种过程性评价工具,如评价表、记录袋等,积累过程性评价数据,形成过程性评价与终结性评价相结合的评价模式。

(四)资源利用建议

1. 利用视频、微课、动画、图片、文档、虚拟实训等资源,有效创设形象生动的学习环境,激发学生的学习兴趣,促进学生对知识的理解和技能的掌握。建议加强各类课程资源的开发,涵盖设备的测量、参数调节和系统排故等环节,从局部细节到宏观整体,强调职业素养提升和职业规范培养。

2. 充分利用网络资源,吸收行业、企业的各种成功案例,学习同类学校的优秀资源,积累丰富的案例资源,为学生的方案设计和决策提供参考依据,同时也能让学生提前进入虚拟企业,融入企业角色,使教学活动从信息的单向传递向多向交换转变。

3. 充分利用行业企业三方平台,加强产学合作,建立实习实训基地,满足学生实习、实训的需要,同时进行在线开放课程的资源开发。引入企业导师,共同开发任务案例资源,使资源更规范、更贴近实际。

4. 建立给排水系统安装调试实训室和中央空调系统安装调试实训室,为课程教学提供理实一体的现代化职业学习场所,为各类校本资源建设提供条件。完善开放式实训中心,使建筑公用设备管理课程学习和完整的专业培养有机衔接,有利于知识体系构建,满足学生综合职业能力培养的要求。

建筑特种设备运维课程标准

▍课程名称

建筑特种设备运维

▍适用专业

中等职业学校建筑智能化设备安装与运维专业

一、 课程性质

本课程是中等职业学校建筑智能化设备安装与运维专业的一门专业核心课程,也是一门专业必修课程。其功能是使学生掌握建筑特种设备运维的基础知识和基本技能。本课程是电工电子技术基础、智能化设备控制技术应用、建筑公用设备管理等课程的后续课程。

二、 设计思路

本课程遵循任务引领、理实一体的原则,根据中职建筑智能化设备安装与运维专业工作任务与职业能力分析结果,以建筑特种设备运维相关工作任务与职业能力为依据而设置。

课程内容紧紧围绕建筑特种设备运维所需职业能力培养的需要,选取了电梯系统、消防系统、智能车库的运行与维护等内容,遵循适度够用的原则,确定相关理论知识、专业技能与要求。

课程内容组织以电梯系统、消防系统、智能车库这三类建筑特种设备的运维为线索,设有电梯系统识别、电梯系统运行监测、电梯系统日常管理、消防系统识别、消防系统运行监测、消防系统日常管理、智能车库识别、智能车库运行监测、智能车库日常管理 9 个学习任务,以任务为引领,通过学习任务整合相关知识、技能与职业素养。

本课程建议学时数为 72 学时。

三、 课程目标

通过本课程的学习,学生具备建筑电梯系统、消防系统、智能车库的基础知识,能对建筑电梯系统、消防系统、智能车库进行基本的运行与维护,具体达成以下职业素养和职业能力目标。

(一) 职业素养目标

- 养成认真负责、严谨细致、静心专注、精益求精的职业态度。

- 严格遵守建筑特种设备运维的操作规范,养成遵章守法、安全生产的意识。
- 关注设备操作流程细节,自觉遵守设备操作规程。
- 爱岗敬业,忠于职守,养成不怕累、不怕苦、不怕脏的职业精神。

(二) 职业能力目标

- 能按要求监测电梯系统的运行。
- 能按规范对电梯系统进行日常管理。
- 能按要求监测消防系统的运行。
- 能按规范对消防系统进行日常管理。
- 能按要求监测智能车库的运行。
- 能按规范对智能车库进行日常管理。

四、课程内容与要求

学习任务	技能与学习要求	知识与学习要求	参考学时
1. 电梯系统识别	1. 电梯系统的识别 ● 能根据立面图和剖面图识别电梯系统构成 ● 能根据电梯电气接线图识别电梯系统的控制方式	1. 电梯系统的构成与原理 ● 说出电梯系统的基本结构 ● 简述电梯系统的工作原理 2. 电梯系统的运行指示特征 ● 记住电梯系统的运行指示特征	4
2. 电梯系统运行监测	1. 电梯系统的运行监测 ● 能熟练操作电梯监视系统 ● 能通过仪表数据分析系统运行状态	1. 电梯系统接管的依据、范围与流程 ● 记住电梯系统接管的依据和范围 ● 说出电梯系统接管的流程	8
	2. 乘客被困救援 ● 能在盘车过程中正确判断轿厢到达平层位置 ● 能根据国家标准用正确的方法进行救援	2. 电梯系统运维的标准与内容 ● 说出电梯系统运维的标准 ● 列举电梯系统运维的内容	
	3. 电梯系统故障的判断与处理 ● 能根据常见故障现象判断故障部件的大致范围 ● 能根据电梯系统运行中出现的故障现象和特征,执行应急处理预案	3. 常见电梯故障 ● 列举常见的电梯故障现象 ● 说出电梯故障应急处理预案的内容	

（续表）

学习任务	技能与学习要求	知识与学习要求	参考学时
3. 电梯系统日常管理	1. 电梯系统的维护保养 ● 能正确记录电梯系统维护保养的内容 ● 能在工程师指导下，确定电梯系统维保的年限	1. 电梯系统的维保制度 ● 说出电梯系统使用的管理依据 ● 说出电梯系统运维管理和保养制度	4
	2. 电梯门系统的日常检查 ● 能对门系统和导向装置的各种部件进行日常检查，并填写巡检单	2. 电梯门系统的构造与原理 ● 说出门系统的基本结构 ● 简述门系统的工作原理	
4. 消防系统识别	1. 消防系统的识别 ● 能识别消防系统的类型 ● 能识读消防系统原理图	1. 消防系统相关知识 ● 列举消防系统的类型 ● 描述消防系统的工作过程	8
	2. 火灾自动报警系统类型的识别 ● 能识别区域报警系统、集中报警系统和控制中心报警系统	2. 火灾自动报警系统的构成 ● 了解火灾自动报警系统的构成	
	3. 消防控制柜的功能区分 ● 能区分消防控制室中各种消防控制柜的功能	3. 消防控制室的安全要求 ● 了解消防电源供电方式、消防系统接地与防雷要求	
	4. 火灾探测器的辨认 ● 能辨认感烟探测器、感温探测器、感光探测器、气体探测器	4. 火灾探测器的分类与作用 ● 说出感烟探测器、感温探测器、感光探测器、气体探测器的作用	
	5. 疏散照明标志的识别 ● 能识别疏散照明标志	5. 消防应急照明规范 ● 记住应急照明的设置方式和设置部位 ● 记住各种疏散标志的含义	
5. 消防系统运行监测	1. 火灾报警系统的操作 ● 能设置火灾报警系统自动巡检 ● 能根据火灾报警系统的火情显示，确定相关故障点、火灾点并及时上报	1. 火灾报警系统相关知识 ● 说出火灾报警系统的硬件构成 ● 说出火灾报警系统的软件功能	16
	2. 自动喷淋系统的操作 ● 能按要求设置自动喷淋系统 ● 能识别不同类型的消防喷淋头	2. 自动喷淋系统相关知识 ● 说出自动喷淋系统的基本结构 ● 简述自动喷淋系统的工作原理 ● 列举消防喷淋头的类型	

（续表）

学习任务	技能与学习要求	知识与学习要求	参考学时
5. 消防系统运行监测	3. 消防广播系统的操作 ● 能区分消防广播和背景音乐 ● 能应急切换消防广播	3. 消防广播系统的构成与功能 ● 了解消防广播系统的构成 ● 说出消防广播系统各部件的功能	
	4. 楼宇消防系统的运行操作 ● 能根据消防规范，模拟消防系统末端试水 ● 能通过观察火灾报警控制器和计算机，确认是否启动联动设备 ● 能进行消防广播、火灾报警和自动喷淋的综合演练	4. 消防系统的运行规范 ● 说出消防主机的功能 ● 说出消防系统的运行规范 ● 说出消防系统末端试水规范	
	5. 楼宇消防系统的运行管理 ● 能读懂手提式灭火器上标志的内容 ● 能识别消防通道标志 ● 能填写消防联动柜运行记录表、消防自动报警系统运行记录表、消防水泵运行记录表 ● 能填写消防系统运行交接班情况记录表	5. 消防系统设备运行管理制度 ● 简述消防系统值机、运行巡查的岗位职责 ● 简述消防系统运行值班制度 ● 简述消防系统运行交接班制度	
6. 消防系统日常管理	1. 消防系统日常维护管理 ● 能定期对消防系统进行日常巡检 ● 能填写消防系统巡检单 ● 能根据消防系统运行中出现的故障现象和特征，执行应急处理预案 ● 能填写消防系统故障和紧急情况处理记录表 ● 能协助专业人员进行系统调试、保养及设备维护 ● 能填写消防系统设备维护记录表	1. 消防系统日常维护管理的依据与内容 ● 了解消防系统维护管理相关国家规定 ● 列举消防系统设备维护内容 ● 记住消防系统维护操作规程 ● 简述交接班流程	8
7. 智能车库识别	1. 智能车库的识别 ● 能辨别智能车库和传统车库 ● 能识别立体车库的类型 ● 能识别智能车库主要硬件设备	1. 智能车库相关知识 ● 说出智能车库的特征 ● 描述智能车库的基本结构 ● 列举立体车库的类型 ● 说出智能车库的三级功能划分	4

（续表）

学习任务	技能与学习要求	知识与学习要求	参考学时
7. 智能车库识别	2. 电动汽车充电站系统的识别 ● 能识别直流充电机和交流充电机 ● 能识别大功率充电机和小功率充电机 ● 能识别电动汽车充电站的类型	2. 电动汽车充电站系统的分类 ● 说出电动汽车充电的分类 ● 说出电动汽车充电桩的类型 ● 列举电动汽车充电站的类型	
8. 智能车库运行监测	1. 智能车库的车辆监控 ● 能利用智能车库管理系统监控车辆停放时间 ● 能利用智能车库管理系统监控车辆交费情况	1. 智能车库管理系统架构 ● 描述智能车库管理系统框架	8
	2. 智能车库的容量监测 ● 能利用智能车库管理系统监测车库容量 ● 能利用智能车库管理系统分析车辆存放高低峰情况	2. 车辆识别与检测原理 ● 说出车牌识别原理 ● 说出车位检测原理	
	3. 电动汽车充电站系统的运行监测 ● 能操作电动汽车充电站交流配电系统 ● 能操作电动汽车充电站直流配电系统 ● 能判断电动汽车充电站监控系统的工作情况	3. 电动汽车充电站系统的构成与原理 ● 说出电动汽车充电站交流配电系统的结构 ● 描述电动汽车充电站直流配电系统的结构和工作原理 ● 列举电动汽车充电站监控系统的不同工作情况	
	4. 智能车库的安全监测 ● 能利用智能车库管理系统监控安保系统 ● 能利用智能车库管理系统远程诊断设备故障	4. 智能车库管理系统设计策略 ● 了解智能车库调度策略 ● 了解智能车库安全设计策略	
9. 智能车库日常管理	1. 智能车库客户服务 ● 能为客户提供安全的停取车服务 ● 能根据规定处理各类收费问题	1. 智能车库安全操作规程 ● 记住智能车库安全操作规程	12

（续表）

学习任务	技能与学习要求	知识与学习要求	参考学时
9. 智能车库日常管理	2. 特殊情况的处理 ● 能正确处理车辆破损、被盗等事故 ● 能正确应对智能车库触电、火灾、翻车等安全事故 ● 能正确应对电动汽车火灾事故 3. 智能车库日常管理维护 ● 能填写智能车库值班表 ● 能填写智能车库管理日检表 ● 能对智能车库设备进行巡检和异动管理，及时解决故障，排除安全隐患 ● 能协助专业人员进行系统升级和设备维护 ● 能填写智能车库设备维护记录表	2. 智能车库事故处理流程 ● 简述车辆交通安全事故处理流程 ● 记住智能车库触电、火灾、翻车等安全事故处理流程 ● 记住电动汽车火灾事故处理流程 3. 智能车库日常管理维护的制度与内容 ● 简述交接班流程 ● 记住智能车库巡检操作规程 ● 列举智能车库设备维护内容 ● 记住智能车库设备维护操作规程	
总学时			72

五、实施建议

（一）教材编写与选用建议

1. 应依据本课程标准编写教材或选用教材，从国家和市级教育行政部门发布的教材目录中选用教材，优先选用国家和市级规划教材。

2. 教材要充分体现育人功能，紧密结合教材内容、素材，有机融入课程思政要求，将课程思政内容与专业知识、技能有机统一。

3. 树立以学生为中心的教材观，在设计教材结构和组织教材内容时应遵循中职学生认知特点与学习规律。

4. 本课程主要是实训操作课，教材编写应以职业能力为逻辑线索，按照职业能力培养由易到难、由单一到综合的规律，确定教材各部分的目标、内容，并进行相应的任务、活动设计等，从而建立起一个结构清晰、层次分明的教材内容体系。

5. 教材在整体设计和内容选取时，要注重引入行业发展的新业态、新知识、新技术、新工艺、新方法，对接相应的职业标准和岗位要求，吸收先进产业文化和优秀企业文化。创设或引入职业情境，增强教材的职场感。

6. 教材要贴近学生生活，贴近职场，采用生动活泼的、学生乐于接受的语言、图表等去呈现内容,让学生在使用教材时有亲切感、真实感。

(二)教学实施建议

1. 切实推进课程思政建设,寓价值观引导于知识传授和能力培养之中,帮助学生塑造正确的世界观、人生观、价值观。要深入梳理教学内容,结合课程特点,深入挖掘课程思政元素,有机融入课程教学,达到润物无声的育人效果。

2. 教学要充分体现"实践导向、任务引领、理实一体、做学合一"的职教课改理念,紧密联系企业生产生活实际,以企业典型任务为载体,加强理论教学与实践教学的结合,充分利用各种实训场所与设备,促进教与学方式的转变。

3. 教师应坚持以学生为中心的教学理念,充分尊重学生,遵循学生认知特点与学习规律,努力成为学生学习的组织者、指导者和同伴。

4. 采取灵活多样的教学方式,充分调动学生学习的积极性、能动性,积极探索自主学习、合作学习、探究式学习、问题导向式学习、体验式学习、混合式学习等体现教学新理念的教学方式。

5. 有效利用现代信息技术,改进教学方法与手段,提升教学效果。

(三)教学评价建议

1. 要以本课程标准为依据,开展基于标准的教学评价。

2. 以评促教、以评促学,通过课堂教学及时评价,不断改进教学方法与手段。

3. 教学评价始终坚持德技并重的原则,构建德技融合的专业课教学评价体系,把德育和职业素养的评价内容与要求细化为具体的评价指标,有机融入专业知识与技能的评价指标体系,形成可观察、可测量的评价量表,综合评价学生学习情况。通过有效评价,在日常教学中不断促进学生思想品德和职业素养的形成。

4. 注重日常教学中对学生学习过程的评价。充分利用多种过程性评价工具,如评价表、记录袋等,积累过程性评价数据,形成过程性评价与终结性评价相结合的评价模式。

(四)资源利用建议

1. 利用视频、微课、动画、图片、文档等资源,有效创设形象生动的学习环境,激发学生的学习兴趣,促进学生对知识的理解和技能的掌握。建议加强各类课程资源的开发,涵盖设备的安装、接线和调试等环节,从局部细节到宏观整体,强调职业素养提升和职业规范培养。

2. 充分利用网络资源,吸收行业、企业在建筑特种设备领域的各种成功案例,学习同类学校的优秀资源,积累丰富的案例资源,为学生的方案设计和决策提供参考依据,同时也能让学生提前进入虚拟企业,融入企业角色,使教学活动从信息的单向传递向多向交换转变。

3. 充分利用行业企业三方平台,加强产学合作,建立实习实训基地,满足学生实习、实训的需要。引入企业导师,共同开发任务案例资源,使资源更规范、更贴近实际。

4. 建立建筑特种设备运维校外实训基地,为课程教学提供理实一体的现代化职业学习场所,为各类校本资源建设提供条件。

智能建筑运行与维护课程标准

▌课程名称

智能建筑运行与维护

▌适用专业

中等职业学校建筑智能化设备安装与运维专业

一、 课程性质

本课程是中等职业学校建筑智能化设备安装与运维专业的一门专业核心课程,也是一门专业必修课程。其功能是使学生掌握智能建筑运行与维护的基础知识和应用技能,具备运行与维护智能建筑的基本职业能力。本课程是本专业前导课程的综合应用。

二、 设计思路

本课程遵循任务引领、理实一体的原则,根据中职建筑智能化设备安装与运维专业工作任务与职业能力分析结果,以智能建筑运行与维护相关工作任务与职业能力为依据而设置。

课程内容紧紧围绕智能建筑运行与维护所需职业能力培养的需要,选取了建筑模型系统认知与运用、建筑控制系统安装与调试、建筑控制系统运行与维护、数字媒体信息设备安装与运维、数字媒体信息发布与管理等内容,遵循适度够用的原则,确定相关理论知识、专业技能与要求,并融入智能楼宇管理员职业技能等级证书(四级)的相关考核要求。

课程内容组织以智能建筑运行与维护典型操作为线索,设有建筑控制系统安装与调试、建筑控制系统运行与维护、数字媒体信息终端设备安装与运维、数字媒体信息发布与管理、数字照明系统认知、数字照明系统运行与维护、能源管理系统认知、能源管理系统运行与维护 8 个学习任务。

本课程建议学时数为 108 学时。

三、 课程目标

通过本课程的学习,学生具备智能建筑运行与维护的相关知识,能掌握建筑控制系统的安装与维护等技能,达到智能楼宇管理员职业技能等级证书(四级)的相关考核要求,具体达成以下职业素养和职业能力目标。

（一）职业素养目标

- 养成爱岗敬业、认真负责、严谨细致、一丝不苟的职业态度。
- 严格遵守安全用电规范，养成良好的电气安全操作习惯。
- 养成规范意识，自觉遵守实训室操作规程完成各项实训任务。
- 诚实守信，客观记录实验数据，如实填写实验报告，不弄虚作假。
- 具有较强的责任心，尽职尽责，敢于担当。

（二）职业能力目标

- 能熟练安装与调试建筑控制系统。
- 能熟练运行与维护建筑控制系统。
- 能熟练安装与运维数字媒体信息终端设备。
- 能熟练发布与管理数字媒体信息。
- 能识别数字照明系统节能环保要求。
- 能熟练运行与维护数字照明系统。
- 能熟练运行与维护能源管理系统。

四、课程内容与要求

学习任务	技能与学习要求	知识与学习要求	参考学时
1. 建筑控制系统安装与调试	1. 建筑控制系统的硬件安装 ● 能根据应用场景正确选择建筑控制系统的终端节点设备 ● 能根据图纸对设备进行正确接线 2. 典型建筑控制系统终端设备的安装 ● 能根据施工图纸正确安装环境数据（温湿度、光照度、各种气体浓度、液体压力、生物特征识别等）采集类传感器 ● 能根据施工图纸正确安装安防类设备（红外报警器、摄像头/机、门禁设备、生物感应、定位设备等） 3. 建筑控制系统数据信号采集设备的安装 ● 能根据应用场景正确选择数字量/模拟量采集器 ● 能根据产品说明书正确安装数据通信接口硬件及软件驱动	1. 建筑控制系统的构成与工作流程 ● 归纳建筑控制系统的构成 ● 简述建筑控制系统的工作流程 2. 建筑控制系统模块和传感器的种类与功能 ● 归纳建筑控制系统模块和传感器的种类 ● 说出建筑控制系统模块和传感器的功能 3. 建筑电源控制单元装配图的组成与识读方法 ● 说出建筑电源控制单元装配图的组成	20

学习任务	技能与学习要求	知识与学习要求	参考学时
1. 建筑控制系统安装与调试	● 能根据产品说明书正确连接数据通信接口 ● 能根据产品说明书规范连接数字量/模拟量采集器的电源及外接设备 4. 建筑控制系统的软件安装 ● 能根据建筑控制系统的设备正确选择并安装物联网操作系统 ● 能根据应用场景正确安装相应设备的应用软件 ● 能使用应用软件正确采集建筑控制系统设备的数据 5. 建筑控制系统设备的单机调试 ● 能根据产品说明书对环境数据采集类传感器进行上电测试 ● 能使用应用软件获取传感器采集到的环境数据 ● 能使用应用软件获取传感器的状态值 ● 能根据产品说明书正确安装建筑控制系统的安防类设备 ● 能使用应用软件控制建筑控制系统的安防类硬件设备 ● 能使用应用软件获取建筑控制系统安防类设备的场景数据 6. 建筑控制系统终端设备的联网调试 ● 能根据应用场景正确选择建筑控制系统的硬件设备 ● 能根据应用场景正确组建建筑控制系统的应用模块 ● 能正确设置建筑控制系统应用程序的硬件参数 ● 能通过建筑控制系统应用程序获取终端节点的数据 ● 能通过建筑控制系统应用程序控制相应的节点设备 7. 建筑控制系统测试报告的编写 ● 能根据传感器及各类建筑控制系统终端设备的上电测试情况编写设备测试报告 ● 能根据建筑控制系统的入网数据编写系统测试报告	● 概述建筑电源控制单元装配图的识读方法 4. 建筑控制系统的调试方法与步骤 ● 说出各类常用仪表的使用方法 ● 简述建筑控制系统通电调试的步骤	

学习任务	技能与学习要求	知识与学习要求	参考学时
2. 建筑控制系统运行与维护	1. 建筑控制系统运行状态的检测 ● 能检测网络运行状态 ● 能识别设备运行状态 ● 能读出设备状态参数 2. 建筑控制系统设备日志记录的查询、备份及导出 ● 能在建筑控制系统的运维平台查询设备日志 ● 能在建筑控制系统的运维平台备份并导出数据 3. 建筑控制系统设备运行记录单的填写和报警处理 ● 能根据建筑控制系统设备运行状态和平台参数填写运行记录单 ● 能根据报警情况正确处理建筑控制系统设备报警信息 4. 建筑控制系统的设备维护 ● 能根据建筑控制系统故障现象分析故障原因 ● 能根据建筑控制系统故障原因查找故障模块 ● 能维修或替换建筑控制系统故障模块 5. 建筑控制系统组态监控软件的操作与更新 ● 能熟练操作建筑控制系统组态监控软件 ● 能下载更新建筑控制系统组态监控程序	1. 建筑控制系统的控制方式 ● 简述开环控制的建筑设备监控系统组态软件组成与工作方式 ● 简述闭环控制的建筑设备监控系统组态软件组成与工作方式 ● 说出 PID 控制参数的组成与功能 2. 建筑控制系统组态监控软件的功能与通信故障的排除方法 ● 简述建筑控制系统组态监控软件的功能 ● 举例说明建筑控制系统组态监控软件通信故障的排除方法	16
3. 数字媒体信息终端设备安装与运维	1. 数字媒体信息终端设备的硬件安装 ● 能根据数字媒体信息应用场景安装终端设备 ● 能识读数字媒体信息系统图 ● 能识别数字媒体信息系统的各类设备 ● 能根据数字媒体信息终端设备图正确连接设备 2. 数字媒体信息设备的软件安装与调试 ● 能安装数字媒体信息控制软件 ● 能使用应用软件正确采集数字媒体信息设备的数据	1. 数字媒体信息终端设备的组成、工作方式与类型 ● 说出数字媒体信息终端设备的组成 ● 说出数字媒体信息终端设备的工作方式 ● 说出数字媒体信息终端设备的类型 2. 数字媒体信息终端设备的安装与调试方法 ● 说出数字媒体信息终端	12

（续表）

学习任务	技能与学习要求	知识与学习要求	参考学时
3. 数字媒体信息终端设备安装与运维	3. 数字媒体信息终端设备的维护 ● 能根据应用场景正确设置数字媒体信息终端设备的应用软件参数 ● 能使用数字媒体信息终端设备应用软件正确设置数字媒体信息设备的系统参数 ● 能根据应用场景升级数字媒体信息终端设备的软硬件 ● 能根据应用场景备份和恢复数字媒体信息终端设备软件系统的参数及数据 4. 数字媒体信息终端设备的故障分析及排除 ● 能根据数字媒体信息终端设备的故障现象分析故障原因 ● 能根据供电不足、失电、接线错误等故障现象排除电源类硬件故障 ● 能使用数字媒体信息终端设备应用程序工具检查网络参数 ● 能使用网络工具和网络应用程序检查数字媒体信息终端设备的网络连通性	设备的名称 ● 简述数字媒体信息终端设备的安装注意事项 ● 列举数字媒体信息终端设备的安装方法 ● 列举数字媒体信息终端设备的调试方法 3. 数字媒体信息系统的原理 ● 简述数字媒体信息的编码及解码原理 ● 简述数字会议系统的原理 4. 数字媒体信息系统的检修方法 ● 举例说明数字媒体信息终端设备常见故障的判断方法 ● 列举数字媒体信息终端设备常见故障的排除方法	
4. 数字媒体信息发布与管理	1. 数字媒体信息的发布 ● 能根据监听信号调整数字媒体信息终端设备状态 ● 能编码处理数字媒体发布的视频信息 ● 能发布数字媒体视频信息 2. 数字媒体信息的管理 ● 能编辑数字媒体图文信息、背景音乐和视频信息等 ● 能正确归类数字媒体图文信息、背景音乐和视频信息等	1. 数字媒体信息的网络常用通信协议 ● 说出数字媒体信息的网络结构 ● 说出数字媒体信息的网络常用通信协议	8
5. 数字照明系统认知	1. 数字照明系统节能常用器件的识别 ● 能识别各类户外灯具 ● 能识别数字照明系统节能控制模块 ● 能识别各类数字照明系统的传感器 2. 数字照明系统节能方式的识别 ● 能识别各类数字照明系统的节能方式	1. 数字照明系统的分类、功能与控制原理 ● 简述数字照明系统的分类 ● 描述各类数字照明系统的功能 ● 简述各类户外灯具的控制原理	10

学习任务	技能与学习要求	知识与学习要求	参考学时
5. 数字照明系统认知		2. 数字照明系统的节能方式与节能类型 ● 简述数字照明系统的节能方式 ● 简述数字照明系统的节能类型	
6. 数字照明系统运行与维护	1. 数字照明系统运行状态的检测 ● 能识读数字照明系统图 ● 能识记各类灯具的安装和电源连接规范 ● 能识别设备运行状态 ● 能操作和使用数字照明系统控制设备 ● 能读出设备状态参数 2. 数字照明系统设备日志记录的查询、备份及导出 ● 能在数字照明系统的运维平台查询设备日志 ● 能在数字照明系统的运维平台备份并导出数据 3. 数字照明系统设备运行记录单的填写和报警处理 ● 能根据数字照明系统设备运行状态和平台参数填写运行记录单 ● 能根据报警情况正确处理数字照明系统设备报警信息 4. 数字照明系统的设备维护 ● 能根据数字照明系统故障现象分析故障原因 ● 能根据数字照明系统故障原因查找故障模块 ● 能维修或替换数字照明系统故障模块 5. 数字照明系统组态监控软件的操作与更新 ● 能熟练操作数字照明系统组态监控软件 ● 能下载更新数字照明系统组态监控程序	1. 数字照明系统的工作原理与编程方法 ● 说出数字照明系统的工作原理 ● 简述数字照明系统的编程方法 2. 数字照明系统各子系统的作用与控制方法 ● 简述数字照明系统各子系统的作用 ● 简述数字照明系统各子系统的控制方法	16
7. 能源管理系统认知	1. 能源管理系统的数据采集 ● 能使用各类智能电表采集数据 ● 能使用能源管理平台查看能源数据信息 2. 能源管理系统中常用智能电表的识别 ● 能正确识读智能电表的铭牌参数	1. 能源管理系统的发展历程、构成与典型应用 ● 简述能源管理系统的发展历程 ● 说明能源管理系统的构成	10

（续表）

学习任务	技能与学习要求	知识与学习要求	参考学时
7. 能源管理系统认知		● 举例说明能源管理系统的典型应用 2. 电力、照明、空调等设备能源管理的方法和新技术 ● 简述能源管理系统的操作方法	
8. 能源管理系统运行与维护	1. 能源管理平台后端表计的识读 ● 能在能源管理平台中对智能表正确读数 ● 能定期对能源管理系统进行日常巡检	1. 能源管理平台的设置要求与操作方法 ● 能源管理平台的设置要求 ● 能源管理平台的操作方法	16
	2. 能源管理系统的日常运维操作 ● 能更换能源管理系统的智能表 ● 能更换能源管理系统的传感器 ● 能使用能源管理平台分类查看数据和趋势 ● 能使用能源管理平台导出数据 ● 能备份能源管理平台数据 ● 能在能源管理平台上增加采集点位	2. 能源管理系统的工作原理 ● 简述能源管理系统的工作原理 3. 能源管理系统的常见故障与值机岗位职责 ● 简述能源管理系统前端表计的常见故障及故障现象 ● 能识记能源管理系统值机岗位职责	
总学时			108

五、 实施建议

（一）教材编写与选用建议

1. 应依据本课程标准编写教材或选用教材,从国家和市级教育行政部门发布的教材目录中选用教材,优先选用国家和市级规划教材。

2. 教材要充分体现育人功能,紧密结合教材内容、素材,有机融入课程思政要求,将课程思政内容与专业知识、技能有机统一。

3. 树立以学生为中心的教材观,在设计教材结构和组织教材内容时应遵循中职学生认知特点与学习规律。

4. 教材编写应以职业能力为逻辑线索,按照职业能力培养由易到难、由简单到复杂、由单一到综合的规律,确定教材各部分的目标、内容,并进行相应的任务、活动设计等,从而建立起一个结构清晰、层次分明的教材内容体系。

5. 教材在整体设计和内容选取时,要注重引入行业发展的新业态、新知识、新技术、新工艺、新方法,对接相应的职业标准和岗位要求,吸收先进产业文化和优秀企业文化。创设或引入职业情境,增强教材的职场感。

6. 教材要贴近学生生活,贴近职场,采用生动活泼的、学生乐于接受的语言、图表等去呈现内容,让学生在使用教材时有亲切感、真实感。

(二)教学实施建议

1. 切实推进课程思政建设,寓价值观引导于知识传授和能力培养之中,帮助学生塑造正确的世界观、人生观、价值观。要深入梳理教学内容,结合课程特点,深入挖掘课程思政元素,有机融入课程教学,达到润物无声的育人效果。

2. 教学要充分体现"实践导向、任务引领、理实一体、做学合一"的职教课改理念,紧密联系企业生产生活实际,以企业典型任务为载体,加强理论教学与实践教学的结合,充分利用各种实训场所与设备,促进教与学方式的转变。

3. 教师应坚持以学生为中心的教学理念,充分尊重学生,遵循学生认知特点与学习规律,努力成为学生学习的组织者、指导者和同伴。

4. 采取灵活多样的教学方式,充分调动学生学习的积极性、能动性,积极探索自主学习、合作学习、探究式学习、问题导向式学习、体验式学习、混合式学习等体现教学新理念的教学方式。

5. 有效利用现代信息技术,改进教学方法与手段,提升教学效果。

(三)教学评价建议

1. 要以本课程标准为依据,开展基于标准的教学评价。

2. 以评促教、以评促学,通过课堂教学及时评价,不断改进教学方法与手段。

3. 教学评价始终坚持德技并重的原则,构建德技融合的专业课教学评价体系,把德育和职业素养的评价内容与要求细化为具体的评价指标,有机融入专业知识与技能的评价指标体系,形成可观察、可测量的评价量表,综合评价学生学习情况。通过有效评价,在日常教学中不断促进学生思想品德和职业素养的形成。

4. 注重日常教学中对学生学习过程的评价。充分利用多种过程性评价工具,如评价表、记录袋等,积累过程性评价数据,形成过程性评价与终结性评价相结合的评价模式。

(四)资源利用建议

1. 利用现代信息技术开发多媒体教学课件等多媒体资源,搭建多维、动态的课程训练平台,充分调动学生的主动性、积极性和创造性。同时联合各校开发多媒体教学资源,努力实现跨校教学资源的共享。

2. 注重理实一体、虚实结合等教学方式,引导学生积极主动地完成本课程的学习任务,为提高数字化运维的职业能力提供有效途径。

3. 搭建产学合作平台,充分利用本行业的企业资源,满足学生参观、实训和毕业实习的需要,并在合作中关注学生职业能力的发展和教学内容的调整。

4. 利用实训中心,使教学与实训合二为一,满足学生综合职业能力培养的要求。

5. 应配备现行国标图集、地方规范等资料,同时配备成套典型建筑施工图、建筑设备施工图、建筑电气施工图、建筑信息模型等资料。

上海市中等职业学校专业教学标准开发

总项目主持人　谭移民

上海市中等职业学校

建筑智能化设备安装与运维专业教学标准开发

项目组成员名单

项目组长	武文彪	上海市西南工程学校
项目副组长	宋晓峰	上海市西南工程学校
项目组成员	（按姓氏笔画排序）	
	王　斌	上海市西南工程学校
	叶家敏	上海市西南工程学校
	成　霞	上海市建筑工程学校
	刘恒娟	上海科创职业技术学院
	汤宇娇	上海城建职业学院
	汤益华	上海市材料工程学校
	沙金龙	上海市西南工程学校
	张　聪	上海市西南工程学校
	郭辉兵	上海建设管理职业技术学院
	董莹荷	上海电子信息职业技术学院

上海市中等职业学校
建筑智能化设备安装与运维专业教学标准开发
项目组成员任务分工表

姓　名	所　在　单　位	承　担　任　务
武文彪	上海市西南工程学校	建筑智能化设备安装与运维专业教学标准研究与推进 建筑识图与构造课程标准研究与撰写 CAD 与电气施工图绘制课程标准研究与撰写 文本审核与统稿
宋晓峰	上海市西南工程学校	建筑智能化设备安装与运维专业教学标准研究与推进 专业调研报告撰写 文本审核与统稿
成　霞	上海市建筑工程学校	建筑信息模型应用课程标准研究与撰写
董莹荷	上海电子信息职业技术学院	综合布线系统安装与调试课程标准研究与撰写
郭辉兵	上海建设管理职业技术学院	智能建筑运行与维护课程标准研究与撰写
刘恒娟	上海科创职业技术学院	智能化设备控制技术应用课程标准研究与撰写
沙金龙	上海市西南工程学校	建筑特种设备运维课程标准研究与撰写
汤益华	上海市材料工程学校	计算机网络与通信课程标准研究与撰写 文本校对
汤宇娇	上海城建职业学院	建筑智能化基础课程标准研究与撰写
王　斌	上海市西南工程学校	电工电子技术基础课程标准研究与撰写
叶家敏	上海市西南工程学校	安防系统安装与运维课程标准研究与撰写
张　聪	上海市西南工程学校	建筑公用设备管理课程标准研究与撰写

图书在版编目（CIP）数据

上海市中等职业学校建筑智能化设备安装与运维专业
教学标准 / 上海市教师教育学院（上海市教育委员会教学
研究室）编. — 上海：上海教育出版社，2025.1.
ISBN 978-7-5720-3167-0

Ⅰ. TU855-41

中国国家版本馆CIP数据核字第20248CN160号

责任编辑　周琛溢
封面设计　王　捷

上海市中等职业学校建筑智能化设备安装与运维专业教学标准
上海市教师教育学院（上海市教育委员会教学研究室）　编

出版发行　上海教育出版社有限公司
官　　网　www.seph.com.cn
地　　址　上海市闵行区号景路159弄C座
邮　　编　201101
印　　刷　上海叶大印务发展有限公司
开　　本　787×1092　1/16　印张 8.25
字　　数　160 千字
版　　次　2025年3月第1版
印　　次　2025年3月第1次印刷
书　　号　ISBN 978-7-5720-3167-0/G·2801
定　　价　42.00 元

如发现质量问题，读者可向本社调换　电话：021-64373213